アイ子さん
このロンTは、こういう思い
から、文字のししゅうが入って
います。
林

カルペディエム
↑その日の花を摘めという意味らしい。
今週号の文春でライフネット生命の出口さんと鹿島茂さんという方の対談で出てきた言葉。

林央子

理由

どんな瞬間もクリエイティブに生きることができるし、
アートにすることができる。
みんな、ひとりでは生きていけないのよ。

スーザン・チャンチオロ（『拡張するファッション』より）

人と違うことの楽しさと、一緒にいることの楽しさ。
私たちのなかに、私たちのまわりに、美はたくさんある。

パスカル・ガテン（『拡張するファッション　ドキュメント』より）

イントロダクション
日々生きる知恵を、アーティストの作法に学ぶ

ギャラリーの白い机に置かれた、赤い表紙の「無意識ノート」をそっとひらく。これは普段からアーティストの青木陵子さんがつけているノートを、個展『三者面談で忘れてるノートブック』(Take Ninagawa/二〇一八年)のために構成しなおしたものだ。

無意識をつなぎとめておく装置としての、ノートブック

青木さんのノートは、夢日記と打ち合わせの記録、そして家事のためのメモと、いろいろなものをかねている。日々の晩ごはんの手順も「工程がむずかしい料理だと、絵に描いてみると落ち着いて、それを見ながらなら、うまくできるんです」と言う。そんなふうに、ささいなことも書き込まれているものだから、人に見せるのは、ちょっと恥ずかしい。こんな身近なノートブックから、ビッグバン以降の世界の成り立ちを中学一年生の目線で俯瞰するという、構想は壮大だがつくりは繊細な――コラージュ、手ぬいのパッチワーク、押し花、ドライフラワー、水彩画、折り紙などを駆使した――展覧会が生まれた。

無意識ノートに書かれているのは「選び抜かれていない言葉、夢に出てきたことを忘れないうちにと描いてみた絵」である。普通ならそのうちに忘れていくイメージや、過ぎ去っていく言葉たち。「でもあとから見ると、このドロー

イングの線が、なんかいいな、と思ったりするんです」

たとえば、「へんな男の子とペアでピアノの発表会に出ないといけない　男の子は歌を歌う」というメモ。〈ノイシュヴァンシュタイン城の発表会〉という作品の補足として添えられた文章だが、これは「無意識ノート」につけられた、青木さんの夢の記録として書かれていたフレーズだ。その文章が入り口となって、白い紙で組み立てられた箱を三つ重ね、なかに白い折り紙のピアノを置いた立体作品が生まれている。

忘れないうちにと夢を記録した言葉の響きは不思議と印象的で、なぜか心に残る。ほかにも「パソコンのデータを盗もうとしている　悪い人　必死でふせぐ」「遠浅　波にさらわれたり行ったり来たりして丸くなっている　どうしようといいながらほったまま帰る」「ボートというか何かぺらっとした一枚のものになぜかのれている」などもある。

「三」が人に与えるパワー

お子さんが中学生になって、青木さんが親としてドキッとしたこと。それは、これまで学校の面談が、小学校では先生と母親の二者だったのが、先生と母親と子どもの三者になることだった。「子どもの年齢が中学生になると、当たり前のように面談のシステムが変わって三者面談になりました。そこでは子どもと親と先生という三人の人間が一緒になって、ひとりの人の未来のことを考える。それはとても新鮮だったし、三ってあらためて、良い響きだな、と思ったんです」

ノイシュヴァンシュタイン城の発表会（2018）

先のことを考えるうえで、二つでバランスをとること。二だと対立だけど、三になると動きが出る、という気づき。そこから三角形へ、そして、三権分立へ……。日常のなかの、ひとつの気づきが抽象的な気づきへ、世界のなりたちを理解するきっかけへと、青木さんの頭のなかでダイナミックに組み替えられていく。

青木さんの作品リストに書かれた作品名、作品解説の一部を抜粋してみよう。

〈三者懇談〉（No.10）コンセプトの三角多層構造　色―かたち―線　赤―青―黄色　はじまり―中間―終わり　欲望―発展―絶滅　言葉―数―時間　三つの事柄が多層に重なって三角形をつくる　三つの三角形はバランスをとりながらノイシュヴァンシュタイン城の屋根となる。

〈欲望と発展と絶滅〉（No.19）色からかたちへ、かたちから線へ、色―かたち―線　映画―建築―ファッション　欲望―発展―絶滅　別階層で浮かび上がる三角形

〈三権分立〉（No.46）　三つのテーマを線で結ぶと、完璧なバランスのとれた美しい正三角形が浮かび上がる。どの点にも偏りのない三角形をイメージしてほしい。その三つの点は立法、行政、司法。三角形は三権分立をあらわしている。

「あれ」は「これ」とつながり、そして「それ」に至る。「あれ」があり「これ」があり「それ」がある。世の中を二つの要素でとらえず三つのバランスで見ようとすることは、漠然とした状態から「つながり」を抽出する努力でもあり、現実を理解する鍵にもなる。

世の中の動きや潮流といった、目に見えないけれど人に影響を与えるパワーを秩序づけて理解するために、人間は月の満ち欠けを眺めたり、星の動きから法則性を見つける努力を長くしてきた。青木さんはこの展示の制作中、気になって色占いやタロット占いを調べたというが、調べたものにそれとは反対の意味の言葉が必ず並んで書かれていることに興味をもったという。たとえば「黄色」

には「嫉妬」「冷静」「狂気」などの意味があり、ポジティブな側面もあればネガティブな要素も含まれている、というように。

「二」に気づくということはすなわち、良い／悪い、の二元論でとらえずに多層構造で世の中を見つめることへの誘いである。それは、現実に向き合ってみたとき、日頃から困難を感じることのひとつひとつに、しなやかに対処していこうとする知恵でもあるのだろう。

自分以外の大切なもの

「私は系統立ててものを見ることが苦手で、歴史は苦手な教科でした。でも細かい線をいくつも見ているような感じでとらえると、歴史って面白いな、と今は思っています。娘に『歴史の問題を出して』と言われても、三大文明のことか、忘れていることも多くて。ただ、日々たくさんのことを忘れていっても、思い出すときってイキイキするんです」

「昔描いた絵を今の自分は必要ないなと思って捨てようとする。でもその捨てようとした絵に、じつは、次の創作へのヒントがあったり。絵を描くという作業も、普段意識していないものを見る行為だったりします」

「瞑想に興味をもって、本を読んでみました。自分では、瞑想をやろうと思ってもできないのですが『知っている』感じというか、いつも絵を描くときにそういう状態になっているな、ということに気がつきました。意識の下に潜っていき、いつもの自分ではなくなることで、本当の自分になるんです。地下を見てみたら、自分の神経も世界のことも、ぜんぶつながっていた。みんなつながっているから、発見ができるんです」

私は一時期、瞑想の教室に通っていた。青木さんが話すことは、そこで耳にしたことと同じだ。「自分はみんなであり、みんなは自分である」ということか。そのことにすこし、驚いたものの、つくる行為を実践している人はやはり、つくるという行為を通して、生きる術を知らず知らずのうちに身につけているんだな、と納得する。

個展のオープニングの日、家族で京都から東京に来ていた青木さんと、夫で美術家の伊藤存《ぞん》さん、娘のKちゃんと打ち上げの店を出て歩いていた。伊藤さんが「Kちゃんが中学生になって、世界史の勉強を一緒にしているうちに青木さんがこういう作品をつくるようになったんです」と話した。娘という身近な人の世話をしながら、自分の創作の世界を拡げていくという青木さんの作品世界は、お子さんの成長にそって育ってきた。つくる理由のひとつに自分以外の人間がいるということ、自分以外の大切なものをケアしながら何かを育てること。それが今つくることの意味を大きくしている、という気が私はしている。

取材を続けた一〇年間

私が雑誌などに書いていた文章をまとめた『拡張するファッション』（スペースシャワーネットワーク）を出版したのは二〇一一年だった。二〇〇一年にフリーランスになって初仕事がそうだったように、私が執筆する雑誌記事は長らく、ファッション誌のアート欄だった。その取材で出会ってきたアーティストにたくさんの刺激をうけ、もっと対話したいという想いが生まれて、その先にこの本がある。一〇年前の冬に着想し、一〇年かけて取材や執筆を重ねてきた。展覧会の取材記事を書いているうちに、私がつくる雑誌「here and there」への寄稿をお願いしたり、作品が生まれるアトリエを訪ねたり、本を薦めあって感想を語りあったり、ときにはご家族と一緒にお会いしたり、というつながりも生まれた。取材を何度も重ねたため、原稿に登場するお子さんの年齢は執筆当時のものとした。

つくり手との対話が年輪を重ね、こうして一冊に束ねられたことの感慨は大きい。

なぜかわからないけれど、自分が前に進めなくなったときに、気づきをくれる言葉を投げてくれる人は、ものをつくる人や、アーティストだった。ものをつくるという行為や体験の蓄積から見えている世界が彼らにはあって、私はふとした会話から気づきをくれる存在として、彼らの言葉を頼りにして進んできた。

つくる行為もその人たちにとっては日常のことで、その過程から生まれる発想には普遍的な、私たちを成長させてくれる気づきがたくさんある。そのことを伝えたくなって、この本を書こうと思いました。楽しんでいただければ幸いです。

林央子

もくじ

第一章
生と死、そして家族を見つめて

第二章
着ることは、生きること

第三章
形あるものをつくらない

第四章
価値を問う

第一章

生と死、そして家族を見つめて

二〇一一年　東日本大震災
二〇二〇年　コロナウィルスによる世界の激変

この二つの変節点は、私たちの暮らしと意識を大きく変えた。
なかでも、二〇一一年の東日本大震災は、
私たち日本人が「その後の世界」に意識転換するきっかけになった。
生きることと、死ぬことと、そして家族という存在。
そのことをじっくりと見つめ、作品に反映させてきたアーティストに、
青木陵子さんと竹村京さんがいる。
大声でスローガンを掲げるわけではなく、
けれども生きる現実から目をそらさずに、思考を展開し続ける。
彼女たちのしずかな勇気に励ましをもらうし、
そのひそやかなラディカルさを敬愛している。

始まりの感覚をつかむため

青木陵子

青木陵子（あおきりょうこ）
一九七三年兵庫県生まれ。ドローイング、手工芸品などを用いたインスタレーションを通し、世界を知ること、みること、つくることの関係を考えている。

美術館に陳列された名画のまわりは空気も額も重いけれど、描きかけで筆を止めたような作品に囲まれた空間は、軽やかで空気が良い。

真冬のギャラリーのなかは、ほんのりあたたかい別世界が生まれていた。青木陵子さんの個展『みどり色のポケット』（Take Ninagawa／二〇一一年）では、ギャヤラリーの中央にアルミ色の円が六段重なったモビールが吊られ、手前にはアルミホイルに描かれたフラジャイルな絵も下がっている。絵と絵の間に、いくつかの文章のコピーが貼られていた。文章になる以前の言葉のつらなりのようではあるが、とはいえあきらかに文章として成立している部分もある言葉たちである。気になって聞いてみたら、彼女の小学校の文集から、部分的に抜き出して貼ったのだという。

堂々とした「絵画」になる以前の絵。普通に意味をなす「文章」になる手前の言葉。そこに立ち現われつつある、まだしっかりとした像を結ぶ手前の、イメージや意味。その段階で止めて見せるからこそ成立する、面白さ。私たちは通常、世界は意味をもつものによって構成されていると思いがちだ。けれども青木さんは、意味づけられた世界の手前に拡がる色鮮やかな草原の、みずみずしさを掬い取る。

この、みずみずしさはどこから来るのだろう？　ギャラリーの外は木枯らしが吹く、真冬の十二月。淡い緑色に塗られたギャラリー内部の壁面の、春の始まりのような色に包まれながら、考えた。壁に塗られた黄緑色は、見たことがあるようで、見たことがないような、なんともいえない淡い色で、そこはかとないあたたかさに、得も言われぬ魅力がある。青木さんは言う。

「自分の内側や、外側に、ぼんやりと色がある。普段は目に見えていないけど、その色がつねに、変化しながらあるような気がしているんです。この個展では、その空気のようなものを見せたい、と思って、壁に色をつけました」

もっと青木さんの話を聴きたくなって、二〇一一年のまだ寒さが抜けない三月のある日、京都を訪ねた。嵐山に向かう路面電車は、生垣のある家や、ところどころに畑も広がる宅地を縫うように走る。太秦広隆寺駅で降り、広隆寺の境内を通って、住宅街を抜けていったところに青木さんのアトリエがある。七歳（当時）のKちゃんと、夫でありアーティストの伊藤存さんとの住まいだ。

みどり色のポケット（2011）

玄関をあがるとすぐにアトリエに使われている広間につながるが、私が通されたのは「冬は寒くて私はほとんどこちらにいます」という、奥にある台所兼ダイニング。その部屋に入る扉には、Kちゃんの絵や、布でつくった人形が貼ってある。大きめの木の机の横には食器棚。食器棚の反対側にはKちゃんの勉強机と赤いランドセル。取材した日は小学校のお友達が遊びにきていて、元気に二階を走り回っていた。ガス台には深緑色の煮込み鍋。正面の流しの向こうには、植木鉢や水耕栽培の観葉植物が並ぶ。「植物は好きなんですが、なかなか難しくて、よく枯らしてしまいます。でもこの場所は好きみたいで、ここに置いておくとみんな元気ですね」

一瞬、植物の葉を生き生きと描いた、青木さんの絵がフラッシュバックする。人の生活空間の、ほんの窓辺の一角でも、そこに植物の緑があるだけで、それを見る私は、心にすこし活力をもらえるような気がする。多くの人が植物を愛するのは、やはり理由があるのだろうと思う。

みどり色のポケット（2011）

「何もすることがないとき、植物を描いていると、すーっと別の世界に入っていけるんです。植物は自分の描きたい線と近いものでできているから、自分に合っているのかもしれません。かちっとした線ではないから」

普段から、青木さんが描くときは、ボールペン、細いペン、色鉛筆、蛍光ペンなど身近な文房具を使う。このころからコンテや水彩も加わった。「身のまわりの文房具を使っています。それでしか描けないからなんですが、大きいキャンバスにドーンと描かれた絵も、小さいノートに描いた絵も、私はそれぞれの良さがあると思っています」。アトリエにはいろいろな紙をストックしていて、出歩くときはノートをもつようにしているという。いつでも、楽に描けるように。そのノートも、マス目も何もない真っ白な紙だと「力が入ってしまう」ため、線が入っているほうが、「構えないから好き」。メモ帳に描くのも好きで、淡々と、たくさん描く。

「ものをつくるときは、まず自分の心のなかに、ぼんやりとつくりたいもののイメージができます。たとえば『濃い霧の向こうに確かに山がある』というような。どんな山なのかははっきりとわからないけれど、確かに山はある、という感じです。設計図のようなかっちりとしたものではなく、もっともっとぼんやりとしていて、なくなってしまいそうな、空気のような、色のようなもの。それから、霧が晴れるようにいろいろな作業をしていくんです」

空気のような、形のないもの。言葉では、説明できないこと。青木さんにとって、ものをつくるときに大事なものは、そうしたものだ。つかめそうでつかめない、すぐになくなってしまいそうな、何者か。でも、そうしたものこそ大切な、愛しい何者かであることは、私たちもなんとなく知っている。たとえば、京都に長く栄えて今も残る寺の庭に足を運んだときに身体で感じる、理由はわからないがほっこりとした、喜ばしい感じのように。

青木さんの作品は、「はかない」と言われることが多い。でも青木さんは「はかなさ」から連想される「消えていく」感じではなく、「つながっていくこと」

や「変わっていくこと」、大きくいえば、人類や生命の謎のようなものに、興味がある。「大きく言いすぎているかもしれませんが」と照れ笑いをしながら、二階に上がった青木さんがもってきたのは、たくさんの本。そのどれもが岡潔《おかきよし》という、一九〇一年生まれで京大出身の数学者によるエッセイだ。

青年期に何度も戦争を経験した岡潔は、数学の世界を追求するためフランスに渡り、国際的な視野を得て日本に帰ってきた学者である。一九七八年に没するまでずっと近畿圏に住み、日本を愛し、自然を、絵や芸術を愛した。仏門に帰依していたので文中には仏教用語も出てくるが、書かれているのは生きること、教育のこと、子育てや人の心のことなど普遍的なものが多く、親しみやすい。西洋と日本の違いや心を大事にしなければいけないといった思想は、現代の目で読んでも、まさにそうだと気づかされることが多い。

「岡潔の本に、『子どもは小さいころから特徴があるので細かく見ていくことが大事』というようなことが書いてあって、自分も子育てをしているからとても面白かったんです。三、四歳は『時空ができるとき』、四、五歳は『自他の別ができるとき』、というふうに子どもを成長段階で区切って見ていくところに、『わかる、わかる』と感じました」

青木さんは出産を経て育児をしている間、以前読んでいた本が一切読めなくなったという。私も同様だったのでよくわかるが、つねに子どもから関心を逸らせない自分になっているのだ。そんななかで青木さんが読んでいたものは、育児にかんする実用的なものが多かったが、岡潔の本には例外的にはまっていったという。

「情緒や日本人の心、人間の成長について書かれていて、育児中に読んでいてとても心がすっとしたんです。子どものことを『自然の操り人形』と書いていて、まったくそういう感じだなと思いました。子どもって、自分の力や教育の力をもってしても抗えないような強いものとして、植物のようにそこにいて育っていくんです」

情緒と日本人
岡潔
世界的数学者にして
憂国のエッセイストが
日本人に伝え残したこと
春宵十話
岡潔
KOBUNSHA BUNKO
重力と恩寵
シモーヌ・ヴェイユ
きな魚をつかまえよう

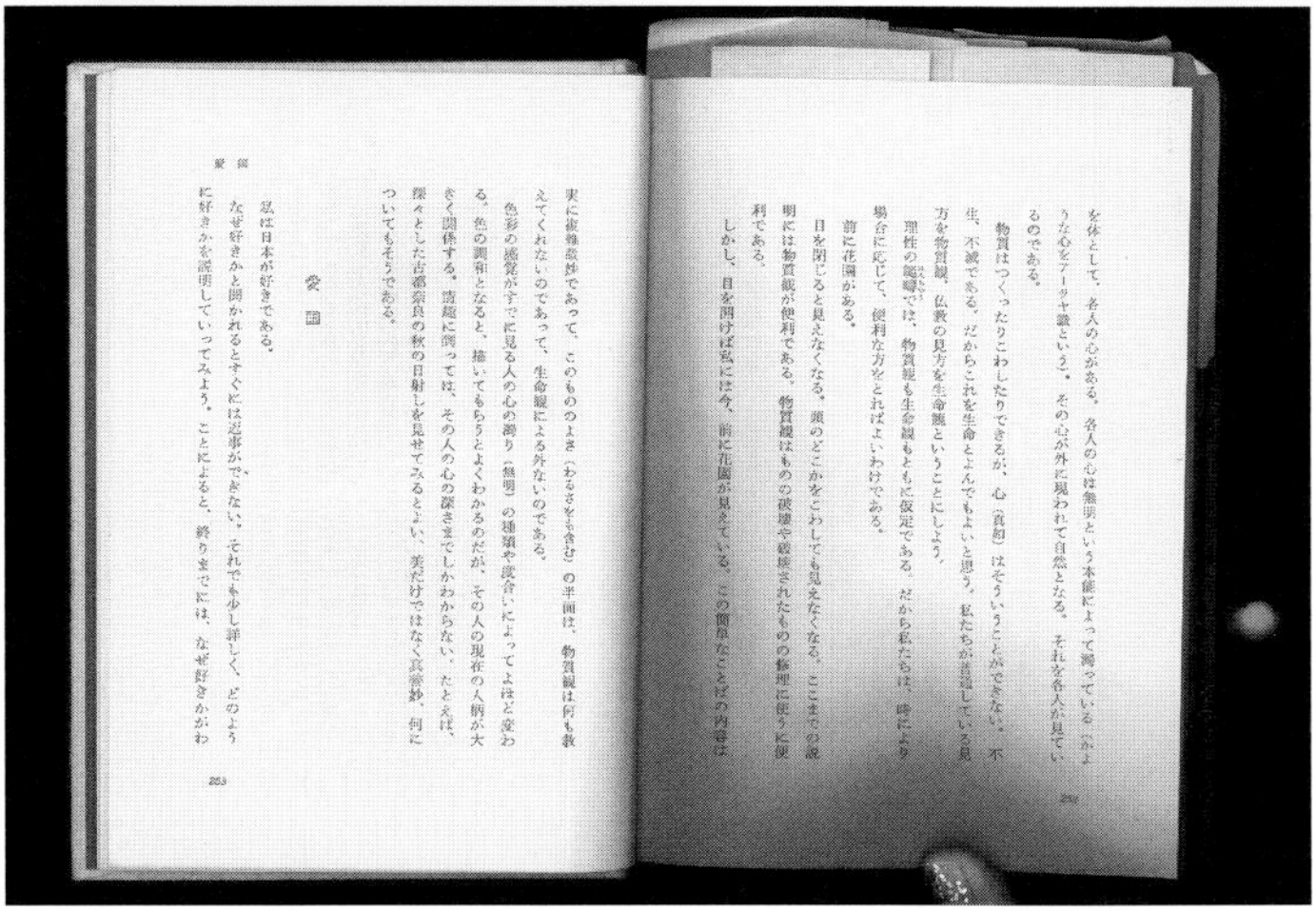
愛国

二〇〇七年ごろから岡潔の思想に興味をもち、取材したころに青木さんが行っていた展覧会のほとんどは、彼の世界にインスピレーションを得ているという。たとえば個展『ワイルドフラワーのたね』（ワタリウム美術館 オン・サンデーズ／二〇一〇年）も岡潔の世界を下敷きにした構成で、彼へのオマージュのような、小さな本のようにしたファイルを一冊、つくって会場に置いた。後日、そのファイルを見せてもらった。青木さんが拾い集めた岡潔の言葉と、そこから生まれた絵がバラバラな紙片に描かれ、それらがひとつに挟まれている。青木さんは、岡潔の本からこんな言葉を書き写していた。

生命というのは、ひっきょうメロディーにほかならない

冬枯れの野のところどころに、大根やネギの濃い緑がいきいきとしている。本当に生きているものとは、この大根やネギをいうのではないだろうか

生命の緑の葉に水を注ぐ

命とは何か、生きるとは何か。彼が生き抜いた時代を考えれば、それは根源的な問いだったはずだ。岡潔はその問題を、ひとりひとりの心のあり方としてとらえた。「だから、共感できるんです。彼は『無明』や『悪道』という仏教用語についてよく語っていますが、それは社会の仕組みを変えたところでどの人にも起こりうる、と。その通りだなあと思いました」

青木さんが気に入っている岡潔のエッセイのひとつに、「なつかしさ」にふれた記述がある。「愛国」（『春風夏雨』所収／角川ソフィア文庫）の一節だ。

私はこの国土の景色が好きである。やわらかくて、こまやかで、変化に富んでいて、木の葉もにおいがある
はえている植物はみな好きだし、咲く花もみな好きだし、木の葉の彩の変化も好きである。それにこのくにには四季のこまやかな変化がある。

四季みなよい。照る日も、曇る日も雨の日もみなよい。風の日もよい。雨や風には四季によるさまざまな変化がある。風趣を添える動物もよい

私には日本の自然や人の世の一々が非常に「なつかしい」。だから私は日本が好きなのである

このエッセイの題である言葉「愛国」の意図するところは、戦時中にかりたてられた「愛国心」とはまったく別物であることを、意識しながら読みたい。岡の文章は「なつかしさ」という謎めいた感情を、平易な文章で表現している。ある人が「なつかしさ」を実感するとき、心のなかは平気で時空を超えてしまっている。また、「なつかしさ」は身体の内部からわき上がってくるもので、それを実感しているときの人間は、自然風土と密接にかかわりあっている。青木さんが岡潔の記述に共感するのは、時空を飛び越える感覚や、自然と溶けあうような体験を重視していること、そしてそもその始まりについて考えるという、始源を問う意識が貫かれているからだろう。

青木さんがそのころ考えていたことのひとつは、記憶だ。「自分という存在になるもっと前の記憶は何なのだろう？　自分のなかには生まれるずっと前からもっていた記憶があるはずで、それはどういうふうにあるんだろう？」ということだ。子どもには、自分が子どもを産むまでの記憶が受け継がれるのか、産んだあとの記憶は受け継がれていかないのだろうか？　夢にも興味がある。「起きているときは常識的な判断をしていて、『これはこう』と決まった世界にいるのに、夢のなかではどんなルールもバラバラにされ、勝手に組みあわされていく。普段もっている概念が崩れて、自由になるんです」

夢も記憶も、あきらかにあったことなのに、どちらも言葉では残しがたいものだ。だからこそ、忘れないでおきたい、と思う。夢を見ているときに感じる自由な感覚は、絵を描いているときの気持ちよさとつながる。「人間は、はるか昔から、絵を描き続けてきました。夢を見ることも、絵を描くことも、大昔から人に受け継がれてきた秘密のようなものと、つながっているんじゃないかと思うんです」

植物と、子どもと、岡潔の思想や言葉、そして夢や記憶には、共通項がある。それらはみんな、当たり前の世界のすぐ近くにあるのだけれど、言葉や意味で説明しきれない何かをいつも、私たちに提示している、ということだ。その、つかめそうでつかめないものを、つかもうとすること。意味づけられたものごとによって構成された、当たり前の世界をすこしずつ、崩していくこと。それが青木さんにとって「絵を描く」という行為なのだろう。青木さんの制作は、世界を構築するためにではなく、世界を知るために、その始源を問うために行われる。

「絵のすごさは、子どものころにつかんでいた空気のようなものを、もう一回つかめること。どんなに高度な技術を使ってもできないことを、つかめることだと思います。絵を描いている最中の自分は、ただぼんやりしているのですが、その行為を通してつかめる世界は確実にあって、それはとても大事なものだと思います」

物事の始まりを問う青木さんの制作においては、お嬢さんが誕生しその生命の成長を側で見ていたことが、何より創造が発展していくインスピレーションになった。子どもの誕生から成長へのプロセスほど、何かが生起してさらに発展していく段階を示してくれる現象はないだろう。私たち誰もが、生きることや生命と日々、向き合っている。けれども、そのことを正面から、創造の源泉に据えている作家は、多くはない。青木さんの制作の稀有なところはまた、しばしば夫であるアーティストの伊藤存さんとの共同制作によって、継続的に行われていることもあげられるだろう。この本の取材期間の九年間、青木さんの展覧会をいくつも体験したが、それはあるときは個人の作家名によるもので、またあるときは、夫の伊藤さんとの共同制作によるものだった。

家族とは、何かが生まれる場所であり、そこに帰っていく場所でもある、と改めて思う。

死をポジティブに変換するため

竹村京

竹村京（たけむらけい）
一九七五年生まれ。写真、ドローイング、壊れた器、トランプなどに刺しゅうを重ね、多層構造で自分と周りの世界の時間と記憶を表現する。二〇〇〇〜二〇一五年ベルリン在住。現在は群馬県高崎市に、夫でアーティストの鬼頭健吾、息子の由宇と暮らす。

竹村京さんに初めて会ったのは、『いま、ここで表現すること』というイベントで竹村さんとトークをする二日前、清澄のタカ・イシイギャラリーでの彼女の新作展示『見知らぬあなたへ』（二〇一二年）を見たときだった。

アーティストと会い、作品について話を聞く時間は、もともととてもパーソナルなものだと私は思っていて、たとえそれが雑誌のための原稿を書くことが目的だったとしても、極端に緊張してしまう性質《たち》だ。本当は人見知りで神経質な私が、そのイベントでいつもより高い跳び箱を飛ぶような、出会い頭にトークを行うという暴挙には出たのは、竹村さんの紡いだ言葉の力だった。

その前に、彼女が書いた展覧会コンセプトを読んでいた。自身の出産と、3・11の体験。そして、当時竹村さんが居住していたベルリンに戻ってからドイツでの震災報道を見て、自分が気づき変わったこと。意識の変化と、作品の変化。そのとき、個展のテーマに据えた「記憶、生と死、共有」に向かっていく竹村さんのポジティブなパワーと、世界を個人の視点から見ているからこそもてる強靭な声が、大きな魅力として輝いていた。竹村さんはそのことを簡潔で、かつ力強い文章で伝えていた。

「見知らぬあなたへ」

子どもを産んだときのことです。飽きるほどの痛みを経てから、突然、だまされた！　と思ったのです。産む行為は一番生に近い行為だと思って張り切っておりましたが、自分が一番死に近い場所に立たされているとそのとき知ったのです。

あの地震の日。夫の仕事で一緒に東京の実家に帰って来て二日目のお昼過ぎでした。あんまり激しく家が揺れたので息子を抱きかかえて外に出ました。家の前の木は驚くほど揺れていました。その前で病院からたまたま帰って来た父が手すりにつかまってようやく立っていました。元は祖母の家だったところの駐車場に車を停めた人が避難のためか立っていて、こちらに困惑の笑顔を向けました。私は以前机の下に隠れたのとどちらが強かったか考えていましたが父は人生でこんなに強い揺れは初めてだとのことでした。

毎日ものすごい破壊の映像がテレビを流れました。ベルリンに帰ってから沢山の被害の写真を見ました。ドイツの新聞や雑誌には亡くなった人の体の写真が壊れた街を背景に載っていました。写真には撮られた人の魂が何かしらこもっているとなんとなく信じている私には知らない人の体をそうした形で見ることは信じられないことでした。

それまでは知っている人々の人生に興味がありましたが、あの瞬間を通ってから知らない人々の人生に興味がつながりました。ベルリンで近くの市場に行って、知らない人々が撮られた写真を集めました。知らない人たちが写真に撮った風景は1920年代から1980年代までさまざまでしたが、なぜか私の知っている風景と重なりました。

展示には、ベルリンの蚤の市で見つけた、見知らぬ誰かの写真をトレースし額装したものが、キャビネットや椅子が置かれ室内を連想させる空間に並べられていた。こうした展示に至る背景には「自分の生活で見てきたもの、知っているものに対してでないと、リアリティをもてない」という竹村さんの思いがある。

ベルリンのアトリエで個展の準備をしている竹村さんと何度かメールでやりとりをしたとき、彼女が書いてきた「私の作品は、生活のなかから生まれる」という一文が目に留まった。日々の生活のなかから生まれる表現に嘘はない、と直感的に信じている私は、竹村さんの作品と生活が、どんなふうに結びついているのだろう、と興味をもち、ぜひ竹村さんという人に会ってみたくなったのだ。

prosaic verse (2011)

prosaic verse (2011)

ベルリンから帰国した竹村さんに個展会場で初めて会えたとき、緊張する私の心をよそに、竹村さんは突然の他者を歓迎する満面の笑顔で現れた。彼女はとても素敵な黒い帽子を被り、遅刻を詫びて（まだ三歳のお子さんが、出がけに離れてくれなかったのだ）、そして「今度ぜひ実家に寄ってくださいと言った。私も自分の経験からその大変さがよくわかるのだが、ひさしぶりに再会した祖父母と孫、やんちゃな三歳の男の子のいる生活に、よくも初対面の私を招いてくださるものだ、と思った。約束の当日になって遠慮心が芽生えていた私に、竹村さんは笑顔で動じず、「大丈夫だから来てください」と歓迎してくれる。じつは、人のお宅を訪ねるのが大好きな私は、「それでは、めったにない機会なので」、と出かけた。

渋谷から東横線に乗り、一〇分ほどで降りた。駅から商店街を抜け、住宅街に入り、大きめの児童公園があるしずかな家並みのなかに、竹村さんの実家があった。そこには個展で描かれていた実家の正面の木も作品の通りにまさしく生えており、居間には重厚な雰囲気の家具が配置され、食器棚のガラス戸の奥には、吟味して選びぬかれた食器類が並んでいた。「私の母は、イギリスの家具が好きだったんです。ですので私自身は、小さいころから、家のなかは日本式なのに、床も天井も無理やりイギリス調の板間にし、イギリスの家具が置かれた部屋で育ってきました」。落ち着いた木目調の室内に、深緑色の布が貼られた、立派な家具たち。

しかし、子どものころの竹村さんは、家にいる間はずっと「玉座のように巨大な」ソファや椅子に囲まれて、「家にいる間はずっと、自分が囲まれている家具に、英語を喋られ続けていたようなものだった」と違和感を覚えていたという。「私は、ある国の文化において、家具や建築と言語の構造は、一致しているのではないか、と思っています。外国に住んで、そのことを初めて客観的に理解できるようになりました」

竹村さんはベルリンに住む前、東京藝大の油絵科で学び、また大学院へも進んだ。その後奨学金を得て渡欧するのだが、専攻が油絵なのに、「油絵って素材がねちっこいし、絵具も体に良くないし、何かイヤだった」と、ずっと違和感を抱いていたという。その違和感の正体も、ドイツに住むようになってから理解できたそうだ。

「ヨーロッパの建築は、レンガに、漆喰のようなものを塗って、その上につるつるになるものをまた塗ってから、さらに壁紙やペンキを塗る。その工程自体、油絵とそっくりです。毎日そういうふうにつくられた壁を見て暮らしている人たちは、油絵を同じように見慣れたものとして見るはずですし、そこの風土にも空気にも合っている」。けれども日本の家屋は、仮の住まい。最初から、一〇〇年以上もたせることを考えていない構造になっている。「木で支柱を建てて、断熱材などを入れ、薄い木の板を張って、その上に壁紙かペンキ、というペラペラな日本の建築のつくりが、日本に住む人にとって一番リアリティのある住処の形だったのでしょう。たび重なる災害に遭ってきた国で、何かあったら逃げて、またあたらしく建てるほうが理に適っていたと思うんです。だから私には、ぺらぺらなつくりの家のほうが、ヨーロッパの建物の構造よりも、ずっとしっくりくるんです」

彼女の主な作品が、下にある紙とその上の薄い布地に施した刺繍とを重ねて、マチ針のようなもので軽く「仮留め」した状態で展示されるのは、この日本の伝統文化や生活様式の解釈からきている。

「学生時代に、古美術研究で、奈良の中宮寺にある〈天寿国繍帳〉を観たんです。それは聖徳太子の奥さんが、聖徳太子が亡くなったあと、彼の死を悼んで縫ったもの。中宮寺というお寺は何度も火災に遭っているので、それが今も現存しているということは、そのたびにきっと、それをもって逃げたんですよね。まわりに火がついても、もって逃げられる形のものって素晴らしいな、とそのときに思ったんです」

ところで、竹村さんと話していると、笑い声が絶えない。ユーモアのセンスが独特で、想いがけない方向に話が飛ぶこともある。「火事に遭ったときに、何をもって逃げるか。そういうときのとっさの反応って、人間として一番面白いと思うんです」と話しながら、彼女が東京の実家に帰省中に体験した、冒頭の文章にも書かれた、3・11当日のエピソードを教えてくれる。「私と父は、大きな揺れに驚いて、家の外に出たんです。私は、まだ乳飲み子だった息子を抱いて。でも、母はどうしていたと思います？ ダイニングテーブルに足をかけて、テーブルの上の照明器具を押さえていたんですよ」。それはイギリスからはるばる運ばれてきた、ガラスの照明器具だという。家中を、イギリス調の家具でまとめた竹村さんのお母様ならではの逸話だ。

その、何度も火事に遭い、一〇〇〇年という月日を経て、ぼろぼろになっても、絹糸で縫われた部分が今も形を留めている中宮寺の〈天寿国繍帳〉は、竹村さんのその後の制作につながっていく、いくつかの示唆を与えたという。絹糸、刺繍という表現方法。なくなってしまった、大切な誰かを想って手を動かし、ものをつくるという行為。卒業制作で初めて、白い絹糸と刺繍という手法を取り入れた竹村さんはその後も、自分の親しい人、深くかかわりをもった人との関係性の記憶を、作品で表現してきた。二〇〇三年には、亡くなった祖母の部屋を白い布と絹糸と黒い線によって、ほぼ原寸大に再現する〈祖母の部屋をより正確に思い出すために〉という作品をつくった。

「私はイギリスの家具に囲まれた自分の家より、自宅の目の前に建っていた祖母の家に愛着があったんです。でもその家が取り壊されることになり、そして祖母が亡くなりました。お葬式で親戚に会っても、誰も『祖母の死』について語らない。昔話は出てきても、『彼女の死』については話されず、ほかのことを話して解散してしまうんです。悲しすぎるからかもしれません。それなら、祖母について話すのではなく、祖母の部屋に何があったかを聞こう、と思いました。そのために親戚に会いに行ったり手紙を送ったりして、みんなの記憶を集めて、今はもうない彼女の部屋を作品にしました」

〈祖母の部屋をより正確に思い出すために〉においては、竹村さんにとってかけがえのない、大好きな祖母がいた空間の記憶が、再現すべき対象であり、重要なモチーフであった。それが、震災後に発表された『見知らぬあなたへ』に至ると、大きな転換を見せた。見知らぬ人の写真を、作品世界に取り込んでいったのだ。

『見知らぬあなたへ』の会場では、インスタレーションの一部に家具が置かれていた。さまざまな国の、すこしずつ異なる様式でつくられ、誰とも知らぬ持ち主によって、大切に使い込まれた家具。それらは、蚤の市で集めた写真立てと、見知らぬ誰かの写真を竹村さんがドローイングに起こした作品と一緒になって、〈Prosaic Verse〉というひとつの作品として展示されていた。

「ベルリンでは、いろいろな国の友達に出会うんです。彼らを理解したい、近くに行きたいと思うのですが、ドイツ語でしか話し合えないというもどかしさを感じるんです。でも、その国から来たものを見ると、なんだかその人のニュアンスと重なって見えたりする。だから、〈Prosaic Verse〉に使った家具はオランダ、イタリア、ベルギーなど、さまざまな国のものを混ぜてあります。どれかは、誰かの言葉を話すんじゃないか、という感じで」

当時、家族三人で住んでいたベルリンでは、毎週蚤の市を訪れていたという。そこでは、よく、誰かのアルバムがまるごと売られている。以前は「家族のアルバムを売るなんて……。亡くなったのか、本当にその人に興味がなくなって捨てたのか、よっぽどのことではないか？」という感覚で見ていた。それまで「死体は親族のものしか見たことがなかった」竹村さんにとって、そもそも「過去の一瞬を留める写真は死の象徴」だったし、ましてやいつどこに生きた誰のものかわからない古い写真なんて、「その人の魂がこもっていそうで、怖くて見ることができなかった」のだ。「それまでは、知っている人しか自分の作品の題材にならないと思っていました。なぜなら、知らない人にはリアリティをもてなかったからです。リアリティがなければ、何も人に伝わらないと思っていましたから」

ところがドイツで震災報道に接したことで、竹村さんは大きな転換を迎える。ベルリンで報道された、ものすごい数の死体写真を目撃したことは、ドイツと日本の死生観の違いを知ることでもあり、大きな衝撃だった。それ以降は、いつ、どこで生きていたかもわからない、知らない人に対しても愛情がわき、写真を通して見るそれらの人々を、「ぐっと身近な存在として感じるようになった」という。彼女は蚤の市で見つけた写真を観ることが怖くなくなった。それればかりではなく、彼らに愛おしさを感じるようになったのだ。そこに写っているのは、あきらかに知らないはずの人なのに、自分に近い人に見えてきたという。

「『あ、私のおばあちゃんの家みたい』とか。既視感のある、さまざまな人生の一場面に見えてくるんです。3・11のあとでは、もはや怖さよりも、『もう、みなさんご一緒に!』という強烈な感覚――たとえ死んでいても、生きていても、みんな一緒に存在するんだということを認める心境――になっていったんです。そもそも、ベルリンという街自体も、歴史的に悲惨なことがたくさん積み重ねられてきた場所ですし。ですので、まったく知らない人や、この時代にはもう生きていない人をもテーマにしてみよう、と思ったんです。それは私にとって、初めての大きな転換でした」

日常的な感覚から、竹村さんは日本とヨーロッパの死生観の比較をこう考える。ヨーロッパの都市にはところどころにカタコンベ(骸骨堂)があり、骸骨そのものを見せることで、生について想起させる。一方日本は、「また生まれ変わるよ」という考え方であり、死体については言及しない文化だ。だが3・11を報じたドイツの新聞を見た竹村さんは、死体を生と切り離された恐怖の対象として見るのではなく、「私たちはつねに、みなさんとご一緒にいるのだ」という考え方に、とっさに変わっていたのだという。
ベルリンの蚤の市で出会った、家族写真。かつて言葉も文化も違う国に住んだ、そしておそらくはもう亡くなった人々。日本で生まれ育ち、大学教育を受けたあとにベルリンに住んだ竹村さんと彼らの間に、とくに接点はないはずだ。しかし気がつくと竹村さんは、見知らぬ人の写真のなかに、親近感のわく人々の姿を見つけ、彼女の人生のひとコマのように取り込んでドローイングにした。制作は、生きた年代も地域も違う人々の人生を、夢中になって自分のなかに取り込む作業だった。写真のなかの見知らぬ人を、愛おしみながら、自分の絵に置き換えていく制作の手が、止まらなくなった。

3・11の体験は、国境を超え、私たちひとりひとりの価値観の違いを露呈させた。理解できないものや不安が目の前にあるとき、「違い」を理由に、自分の外にある何ものかを攻撃することは、手っ取り早い自己防衛になる。その状態が極端になったとき、争いが起こり、戦争が起きてきたのではなかっただろうか。だが竹村さんは、「違い」への怒りを外にぶつけるのではなく、自分の認識を変えることで、この時代に生きることを、ポジティブに変換させた。そのしなやかで強靭な変化を、自分自身の制作行為と作品で示したことに、私は感動する。

「実家と祖母の家の間には一本の木が生えていました。祖母の家がなくなったら、家と家の間に立っていた木がそれは勢いよく伸びて、緑が鬱蒼と茂ったんです。何かがなくなるのは、悲しいこと。でもそれだけではなくて、次に続くものが、のびのびすることでもあるんだな、と。マイナスなものが、生きているものによってプラスに変換されるということは、とてもうれしいことだと思うんです」

生命力をあからさまに感じさせるものは、世の中に歓迎されがちだ。赤ちゃんの誕生は祝われるし、不況になるほど明るい色彩の服がファッションショーにあふれる。しかし、私たちは死にどう立ち向かうかに関しては、あまりに未熟なのではないだろうか。宗教や儀式から離れてしまった現代人はとくに。たくさんの人が、亡くなったという現実、その事態をどう、受けとめるのか。あまりにも酷い惨事を前に、私は夥しい報道を前に途方に暮れた。しかし竹村さんは、たくましくもしなやかな一歩を、踏み出した。そのしなやかな前進に、希望を感じる。

二〇〇〇年から二〇一五年までベルリンに住み、ヨーロッパと日本という二つの視座から考える竹村さんは、制作の根元についてこう振り返る。「私は、人生のなかでひとつのこの神というものを与えられなかったんです。だから、それを還元するために、作品をつくっているのではないかと思います。〈天寿国繍帳〉もそうなのですが、一番大事なことを形にしなければ、と思うんです。それは、もっとも大事なことを、残そうということであり、もっとも悲しいときに、動こうとすることとなんです。だからもしかすると、私にとって作品をつくる行為は、宗教に近いのかもしれません。人の感情を動かす瞬間、という意味において」

Between tree, ghost has come (2011)

第二章

着ることは、生きること

服は生活のなかにあり、どんな人も服を着る。
ファッションという言葉は、
人と服を近づけることもあれば遠ざけもするけれど、
服を着る行為は、たしかに日々生きる営みの一つのプロセスで、
私たちの感情や心を左右することでもある。
八〇年代以降、世界のなかでも抜きん出て服を愛し選びとってきた国、
日本からあらわれた二〇二〇年代のつくり手たちの実践とは？

内省からはじけるクリエーション／暮らしをつくり、服をつくる

居相大輝

居相大輝（いあいたいき）
一九九一年生まれ。二〇一五年より京都府福知山市の山村を拠点とし、ファッションブランド「iai」を始動。土地と地続きに在る素材、染料を基礎とし生活の光象からなる衣を制作している。

古くからある村落の、民家の前に畑があり、小川が流れ、山羊がいる。そこには、光があふれている。二〇一九年夏、京都から電車で数時間離れた、福知山の集落で服づくりをする居相大輝さんの仕事場を訪れ、二日間さまざまな話を聞いた。

これまで、たくさんの人をインタビューしてきた。けれども、居相さんほど「つくる理由」が明快な人は、会ったことがない。彼にとってのつくる理由とは、自分の思い描く生活をするためだ。二〇一一年、東日本大震災のあとの気仙沼に、以前の職業である消防士として派遣されたときの体験から、万一津波に住まいが流されることがあっても、また自分の手で一からつくればいいや、と思える自分になるため、自分の手で、服も、住まいも、居場所も、仕事も、食べ物もつくる暮らしをする。それは家族のためでもあり、自分のためでもあり、同時に、世の中のみんなのためでもあるのかもしれない。そういう原動力をもとに、日々の一着を、デザイン画は描かずに、直に布地を触れながら、つくっていく。布の声を聞き、直感に従って、針と糸を動かす。

シンプルだから、ぶれがない指針だ。私たちの世代は、そうではなかった、と思う。服をつくるために、都市に出て行き、ときには外国まで出て行き、ファッションショーで発表して、たくさんの人に見てもらい、たくさんの人に買ってもらう。人気が出ると、増加した需要のために、手づくりをあきらめて工場での生産を選ぶなど、つくり方も仕事の組織も変えていき、ビジネスとして定着させる。それがファッション産業における、旧来の図式だった。キャリアを重ねるうちに、その図式に疑問をもって、服づくりから距離をおいたり、しばらく服をつくることから離れては、適度な距離をもちながら再びつくり始める、という逡巡の時間をもつ作家たちも、私は見てきた。

そうした作家たちにとって、立ち止まり、逡巡することとは、その後のさらなる成長を思えば、大事なプロセスだったのは間違いない。けれどもその逡巡を経ることとなしに、自分の魂が一番喜ぶことをしながら生きていこう、と若くして決意し、その想いに従って生活を形づくっている居相さんのようなつくり手に出会えたことは、私にとって衝撃的なことでもあった。

一九九一年生まれの居相さんは二〇一一年に、二〇歳で東日本大震災を目撃した。二〇一四年にブランド「iai」を立ち上げ、そこから五年後にあたる二〇一九年の夏。日本家屋の横に畑と山羊の小屋があり、小川も流れるアトリエを訪ね、話を聞いた。

自身の出身地である、京都・福知山の限界集落の近くに構え、妻や子どもと暮らす住まい兼アトリエ。工場などに打ち捨てられた布や暮らしの痕跡がある衣や端切れを素材とし、畑をしながら家族と暮らす生活のなか、自分ひとりで服をつくり出す。できた服は近隣に住む老人たちをモデルとして撮影し、ウェブサイトで発売したり、溜まっていったら街に出て、服を販売する。自分の居場所を基地として、家族との日々の暮らしから服をつくる居相さんのようなつくり手の出現は、スマホの普及やインターネットの普及で、どこにいても商売ができる時代が到来したから可能になったのだろう。


暮らしのなかでつくることを、当たり前とする。

生活と創造を無理なく一致させることが可能になった世代は、その前の世代である私たちからすると、あきらかに眩しい。なぜ、それが可能なことだと、彼らはとらえることができたのだろう？　とはいえ、インターネットが現れてから、インターネットのない世界を想像することは難しいかもしれない。どこにいてもインターネットで世界とつながりがつくれる時代に、生きる場所を選ぶ自由を前提としているのが彼らの世代だ。どこにいても情報が得られるのなら、自分で仕事をつくり出すことさえできれば、雇用主や業界のルールに縛られず、自分の描いた王国を生きることができる。インターネットがない時代とある時代では、生き方は根本的に変わってくる。

そのような時代に生まれて、まったくあたらしい働き方や暮らし方を創造することは、誰にでもできることではない。居相大輝さんの仕事や生き方を知ったとき、とっさに思ったことは「なぜ、そんなに若くして、自分のうちなる声に従う生き方を選び取れたのか?」ということだった。また、「外へ、外へ」とつながりを求めるのではなく、自分の生まれた土地へ、その環境へ向かうベクトルが生まれたのはどんな経緯からだったのかを知りたい、と思った。

たとえば、学生時代に気の許せる友達がなかなかできなかった私は、仕事で海外に行くようになって、外国で初めて、仲間と思えるような友達に出会えた。冬は雪で閉ざされる新潟の限界集落で育った、という私より世代が上のファッションデザイナーからは、故郷ではよく小高い丘に登って周囲を見下ろし、「視野の届かないくらい、ずっと遠くまで行こう」と誓いを立てていた、と聞いた。そこに行かなければ、足を運ばなければつながりがつくれなかった時代と違い、一瞬で世界とつながれる時代を迎えたら、「外へ、外へ」と向かうことは必要がなくなるのだろうか？　居相さんに会う前に、そんなことを思っていた。

二〇一九年の秋以降、私は英国で生活することになり、そこで最初の一年は語学学校に通っていた。ビザのために通った学校だったのだが、さまざまな国からイギリスにやってきた人々に接したことはとても刺激になったし、英語を話す授業のなかで、日本にいては簡単に知ることのない、背景の異なる国からきた人々の考え方を知ることになった。その体験を経て知ったことは、多くの国の人々はついこの間まで「成長」や「発展」を目標としながら生きていた、ということだった。とはいえ、コロナウィルスの蔓延により、今初めてその右肩あがりの考えを手放すときを迎えているはずなのだが。東日本大震災を経ている日本は、諸外国に比して、今までの自分たちの生活でよかったのだろうか、という見直しをすでに経験しているという点が一歩先を行っているのではないか、と思うようになった。大規模な災害に見舞われた日本は、よりあたらしい生き方への考えや実践が、世界に先駆けて行われる可能性のある国なのだ。

私の取材のために、小さなお子さんのいるご家族は近くの実家に帰られていて、居相さんがひとりで待っていてくれた。アトリエが京都駅から電車で約三時間という距離だと、そう簡単に訪れることはできないから、この機会を十分に生かせるようにと、駅に迎えにきてくれた車のなかの時間からずっと、質問をし続けた。居相さんは取材の二日間、染めや縫いのプロセスを見せてくれながら、蝉の鳴き声があふれるなかで、話し続けた。会話のなかで、ふっと気がつくと、「ちょっとすみません」と言ってその場をあける。戻ってくると、「山羊が川に落ちていないか心配になって見てきました」などと、不在の理由を教えてくれる。周囲に気を払いながら、身のまわりの世界の変化に反応しながら、日々の制作を進めていくさまが見てとれた。

出会い頭に、「なぜ外の世界に答えを求めるのではなく、自分の内側にこそ答えがあるということに、二〇代という若さで気がつけたのでしょう?」という疑問をぶつけてみると、考えたこともなかった、というように居相さんは取材の最初、きょとんとしていた。すこしずつ語り始めたのは、消防士としての彼のキャリアの出発点と、「生と死を見つめた末に、生きる喜びを考えた」ということ。何より大きな変節点は、東日本大震災を体験したことだった。

「東京で出会った妻と結婚しよう、二人の住まいをさがそうとなったときに、その場所は、当時僕や妻が暮らしていた東京ではないな、というのがあったんです。僕の実家に帰省していると、あるとき近所の人が、おばあちゃんがひとりで暮らしていた家が空いているよ、と教えてくれました」。実家から車で四〇分のところにあったその家は、床が抜け落ち、たくさんのものがあふれていた。妻と二人、自分たちの手で家を直して、その自分たちが手を入れた家に住むことに、彼らが意味を見出したのは、東日本大震災の体験が大きかった、という。

十八歳で東京消防庁に入庁し、消防士になるために、初めて家を出た。所属は渋谷消防署。ファッションの店が多いことで知られるファイヤー通りにあることでも有名な、渋谷消防署と原宿出張所を行き来する勤務だったという。二〇歳で東日本大震災を体験。そのときは消防士として、気仙沼にも向かった。津波で流された状況を見たときに、これが自分たちならどうするだろう、と考えずにはいられなかった。

「被災して、家が流されて、一瞬でそれまで築き上げたものがなくなってしまった。そのさまを目の当たりにして、考えました。ものを所有するとは、どういうことなのだろう？　これからは、自分たちの住む場所や食べるものも、自分たちでつくり出したものにしたい、と思いました」「食べるものが一切なくなっても、野菜はこう育つということを知っていたらいい。家が流されても、また自分たちで建てられたらいい。これがないとつくれない、というのではなくて、ないなかで、どうやってつくれるのかな？　ということを考えていればいい。そう思ったんです」。そう思っていたころ、帰省のたびに実家の近くでおじいちゃん、おばあちゃんたちの昔ながらの生活を見ているうちに、次第に「土をさわりたい」という気持ちが芽生え、育っていった。

一度は東京に出て、仕事をして暮らし、また田舎の暮らしに戻って行くことになるのだが、消防士として東京に住んだことは、大きな転機をもたらした。そのひとつに、夥しい量の死に対面したことがあげられる。「職場では、当たり前に人は死ぬんだ、ということを日々、目のあたりにしていました。安らかに死を迎える方もいるけど、事故である日突然亡くなったり、残念な死を迎える方もいる。東京のなかでも、渋谷という人が密集している場所で働いていたため、毎日大きな出来事がわぁっとおしよせてくるような日々でした」

仕事に行けば毎日、血を流した死体を見る。週末には、自分の趣味であるファッションを身に着けて原宿に向かい、自由な空気を楽しんだ。田舎と違って派手な装いを誰かに咎められることもない、開放的な体験だった。仕事をする自分と週末の自分が次第に解離していくなか、職場でたくさんの死にふれ、死について考えることで、生という喜びについても同時に、深く考え始めるようになったという。

中学・高校と野球部に所属していた居相さんだが、「ファッションが好き」という意識は以前からあったという。「服を着ることで、人と違う自分がいることが直にわかる」という体験が、大きかった。「野球部ですから、身に着けるものが限られているんです。でもみんなは艶のあるベルトをしているけど、僕はマットなものがいい。とかの、制限のなかで自分らしさを選ぶ、ということをしていました」。古着が好きだったが、古着屋などの店は京都まで出て行かないとない地域なため、おばあちゃんの服を自分にあててみる、という行為を遊びのようにしていた。

「今考えるとおかしいんですが、当時はあまり違和感なく、そんなことをしていました。男性の服は、固く地味なものが多いですが、女性服は色も形も豊富です。衣服の自由度を象徴するものが女性の服で、それを着てみたいという好奇心や欲求もありました。産まれたのは男性だけど、個性を出してみたいという思いがあったのでしょう」

消防士で毎日仕事をしているときは、週末を待ちこがれ、装って原宿に出ることで、自分の感情を表現していた、と居相さんは話した。「消防士をしている自分は本当の自分ではなく、原宿に好きな格好をして出向く自分こそが、自分だという感覚がありました」。本当の自分というものを、好きなものを突き詰めることで、しっかりとつかもうとした。しかし「そこで目にしたきらびやかな世界は、そこに浮遊できそうなくらい自由に感じられたのですが、僕の場合はそこに、仕事で目撃した『死』というものを重ねていました。どちらかだけに比重がかかると、崩れそうなくらい脆い状態だったとも思いますが、その二つの世界を生きることで辛うじてバランスを取っていた、ともいえると思います」。集団で素早く動くために訓練をうけ、統率された職場で消防士の制服を身に着け働いていた居相さんという若者の、一個人としての感情や考え。それをないがしろにせず、その声に耳を傾け続けたからこそ、「iai」の居相大輝さんが生まれた。

「消防士時代に、東京の大きな景色を見られたことは、僕の人生のなかでもすごく重大なことでした。でもその経験を経たからこそ、自分のつくる服を着てほしいのは、すらっとしたモデルの方たちではないな、という気づきも得たのです。おじいちゃんやおばあちゃんの年のとりかたが素敵だなと思ったし、年齢をつみ重ねた身体が美しいな、と思いました」。自分たちとは無関係な西洋人モデルに服を着せてつくるファッションイメージではなく、近所に住むおじいちゃんやおばあちゃんにこそ「iai」の服を着てもらいたい、と思うようになった。彼らが日々その服で働き、暮らす姿を居相さんが自ら写真におさめる、という形で「iai」のファッションイメージがつくられていくようになった。

居相さんが過去の自分を振り返って話をしてくれる一方で、外は夏の太陽が降り注いでいた。庭先の川の水を使って、草木染めや泥染をする居相さんにとっては、天の恵みといえる好天を無駄にはしたくなく、自然と外に出て、作業しながら話を聞くことになった。その土地の土と交わりながら服をつくる。そういう試みを、居相さんがしていると聞いて、現場を見せてもらうことにした。年季の入った梅の木などの庭木の足もとにハーブが植え足された庭を抜け、赤ちゃんを産んだばかりの山羊の小屋を通りすぎて畑に出ると、その横に小川が流れていた。小川の手前には竈門、そこには草木染めに使う鍋がならび、火がくべられている。小川の奥には田んぼが広がり、向こう岸に行くための小さな橋が架けられているが、染めが進んでいくと、この橋に立って服を小川にさらし、その水でじゃぶじゃぶと洗い流すのだ。橋の横には、居相さん手製の、布切れをパッチワークにしたカーテンがかかる道具小屋。

居相さんは庭の物干しにかけられていた服を手に取ると、小川のほうへ降りていき、橋をわたって田んぼに向かった。水田の横に、夏の青空と雲を映した水たまり。その水たまりにまたがった長靴姿の居相さんは、腕を泥につけてかきまぜ、なめらかなクリーム状になった泥を私に見せてくれると、勢いよく服を水溜りにつっこんだ。生成色の服は、土にまみれ、鉄のような渋い色味を帯びていった。時々話しながら、でもスピーディーな作業。夏空のもと、服を泥のなかに入れたり、出したりしている居相さんの制作の様子を見ていると、まるで歌っているようだな、と思った。「＊度のお湯に＊分浸し、十分に染み渡ったらすすぎましょう」というような、染めの指南書に書かれていることを守って、時間をはかりながら行うような作業からはほど遠い。制作をする居相さんを見ていると、歌を聞くような、ダンスを見るような、喜びにあふれたときに人が行う、人類の原初からの行為を見たような気がした。「この人は、喜びからつ

くる人なんだな」と、理解した。

取材の二日目の朝。駅に迎えにきてくれた居相さんが運転する車のなかで、初日の取材を反芻して、気になったことを投げかけてみた。山羊とともに暮らし、畑をしながらものをつくる居相さんの生活は都市に暮らす私たちと異なる生活の時間が流れている気がする、ということ。たとえば、子どもが病気になったら、私たちはまっさきに、近くの病院へ連れて行こうとするだろう。一方で居相さんは、病院が必要な状況なら連れて行かなければならないけど、軽い症状なら薬草などで手当てができるかもしれない、と考える。最近は、「もっと草で人の身体の内側を楽にできること、その知恵」について学んでいる、と話す。

スーパーで食べ物を買うことはあるんですか？　と聞くと「買い物は普通にしています。豊かな時代だからこそ、天候が悪くても、動物に食べられても、おだやかにいられるんだと思う。自給自足を完全にやりたい、というわけではなくて」

「一点ものの服をつくることや、子どもが生まれたら子どもの服もつくる、ということをしているのは、純粋に僕の楽しさからなんです。そうすることで自分が心地よく、楽しいからやっている。大量生産や大量消費という流れに待ったをかけたくてやっている、というわけではないんです。今まで築き上げてきた社会には、良さもあると思う。気がつかなくても恩恵をうけているところもあると思います」

居相さんの服には、強さがある。布が布として生きている感じがあって、その生きものとしての布をまとうような服だ。よそいきの服ではなくて、仕事し生きることの伴侶としての服。エプロンのようにさっと身にまとえ、たたむと小さくなる土色の服を、出来立てのアトリエで買わせてもらった。その近辺の草や土で染めたものを、その土地に身をおいてその土地で買うというのは、何という贅沢だろう、と思った。

アトリエにいて、作業する居相さんを見ながら、自然と、先日見た志村信裕さんの映像の話を口にしていた。その映像作品には千葉の成田空港の近くで有機農をする農家の人が登場して、キャベツの葉を一枚一枚検分していたり、大根の土を洗い流したりする作業の時間がゆっくりと流れた。居相さんはその話に反応して、自身の服づくりの話をしてくれた。「僕が服をつくるときは手尺でサイズを測っていて、定規を使わないんです。トマトもひとつひとつ形が違うし、目の前に広がる景色も有機的で、直線や円はない。服づくりの教科書には、数ミリのずれも命取り、と書かれていますが、人間の身体は左右対称ではなく左と右ですこしずつ違うし、どんな人の体つきも違う。服もまばらだったり、いびつでいいと思ったときから、心が軽くなってのびのびつくれるようになりました」。ミシンで縫う場所もあるが、布と対話をしながら、「ここはほつれそう」「この生地は弱いな」とかを理解し、そういう箇所は手で縫うように、と判断していく。暮らしのなかで息づいてきた布に向き合い、布と対話することから、居相さんの服は生まれる。

自然界に均一なものはない。そもそも、当たり前のことなはずだけど、店に行くと均一で表面がつるっとした新製品があふれている。いつのまにか、角がとれて、均一でなめらかなのがいいことだ、と思い込んでしまっている自分がいる。けれどもゴツゴツした感情や、気持ちの凸凹をあえて見ないようにして、あたかも「きれいな表面」だと思い込もうとするのは、精神衛生上危険なことだ。居相さんと話していると、突然、そんなことを思ったりもする。整った形を、さがそうとしなくていい。有機野菜のように、規格外でも、そのものとして充実していればいい。凸凹がある姿こそが、自然なことなのだ、と考え始める自分がいる。そういえば居相さんは、中学生や高校生のころから古着が好きだった、と言っていた。

「震災のあと、いつ何があってもいいように、必要最低限のものから始める生活にしたい、ということをずっと、心にとめています。同時に、昔ながらの生活のほうが、美しいのではないかと思う自分がいて。そこで、裁縫の道具も針と糸があればいいんじゃないか？　と思うようになってきていて、日々使う道具も今はずいぶん減ってきました。これからも、ミシンも足踏みのものにしたいな、とか、アイロンも炭を入れて使うものにできないか？　なども考えています」

そのような生活、過去の暮らしにかえっていくような選択をすることの裏には、現代的な生活に異を唱えたいということがあるのだろうか？　環境問題の活動家のように、「私たちは間違った方向にきた」、と警鐘をならす人にも、居相さんはなりえると思う。けれども本人の意識は、そうではないようだ。

「僕は、世の中に対して異を唱えるのではなく、自分が心地よいと思うこと、自分の暮らしに取り入れたいと思うことをしているんです。こだわりがあるとしたら、ちょっとこれは違うな、と思うことは、やりたくない、ということで」

「ニュースを見て世の中の流れを知ることも大事だし、選挙も行く。けれども、僕は僕自身の感覚を研ぎ澄まし、目の前の草や家族の表情に反応しながら、生きていくことをしているんだと思います。まわりの何かや誰かが、ちょっと元気がないなと思ったら、それをケアしにいく。今の自分が、できることをやっているだけなんです。それをやりながら、自分が変化していくことが大事。そうして、日々を生きていれば、自ずと良い方向にいくのではないか、と思っています」

個人的な体験として私は、より雑念に振り回されず、うちなる声にしたがって生きるために、瞑想を生活に取り入れていたことがある。そうしていると、直感力がさえてきて、たくさんの本を読むより自分で何かに気づくことが増えた、と思った。居相さんに「うちなる声を聞き、いつもブレずにいられる秘訣はなんでしょう?」と聞いてみると、その答えは「目をつぶって、小川のながれる音を聞き、太陽の日差しをあびる」。「とくに変わったことはしていないんです」とさらっと話した。

この原稿を書いていたころ、目にしていたテレビ番組は、子どもの受験と母親の悩みを扱う番組だった。中学受験をすることが当たり前になってしまった時代において、先が見えない不安が、どこまで何をすればいいのかわからないという親の不安を生み出し、親子関係を崩していく、という報道。

自分の感覚を信じて、喜びながらものをつくり、生活する。その行為のなかに、不安の入り込む余地はないはずだ。信じるものを、自分の感覚以外のものにおいたとき、人の心に不安が忍び寄ってくる。教育の問題は社会の問題であり、母親一人一人の問題ではないはずだが、現実のなかでは、母親と子どもが不安の波打ち際に立たされている。こういった気分が蔓延している日本社会のなかから、居相さんのようなつくり手が出てきた。それは希望でもあるし、彼という人物は、私たちの立ち位置を、もう一度考えさせられる存在でもあると思う。

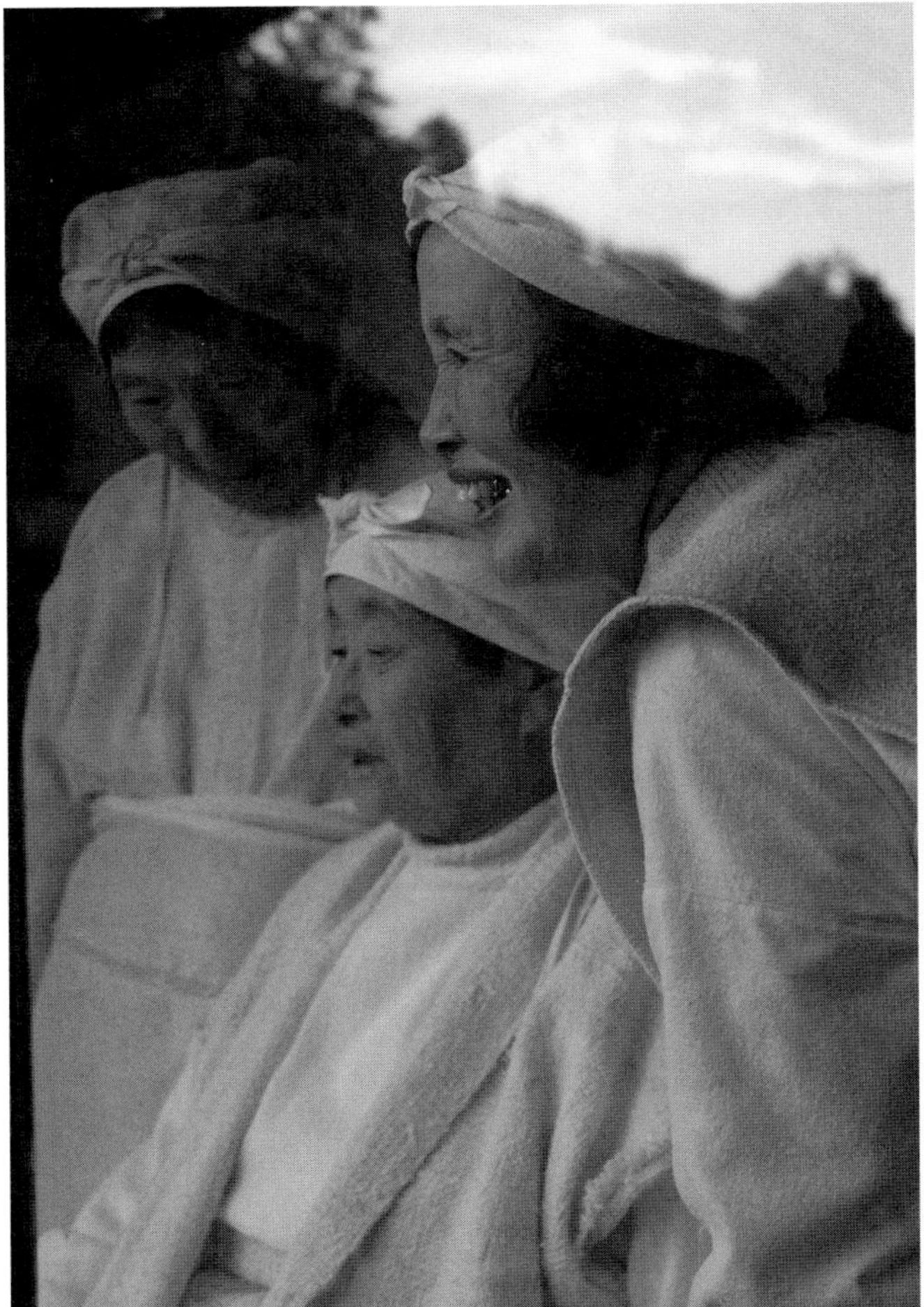

いっぽうで、ファッションビジネスのなかで出会った世界各国のつくり手たちの多くも、厳しい競争と不安のなかにおかれていて、そこで長年活動しようとすると、悩みを大きく膨らませることも珍しくない。けれども、居相さんは「僕は、つくることの不安は、一切ありません。安心しきっていて、生み出すことに苦しさがないんです。だから、ずっと続けられると思っています」と言う。居相さんの言う「自分が快適な方向に変わりたいだけで、世間への反抗心から動いてはいない」という姿勢は、振り返って考えるととても大きなステイトメントではないかと思う。

パンク、ヒッピー、学生運動……これまで時代の変換点にあらわれたムーブメントの多くは、既存の風潮や社会構造に抗うことで運動になり、浸透し、変化を促してきた。しかし、内側を変革する、自分を変えていくことを第一に優先するという生き方は、豊かになったからこその選択肢かもしれない。今あらためて、コロナの状況にあって、旅行が困難になってきた時代、内省しうちなる声を満たしていくことはよりよく生きるための一番の手段ではないだろうか。居相大輝さんのような生き方は、このパラダイムシフトの時代にこそあらわれた、変革者ではないだろうか。

欧米のファッション教育のなかで、現代生活におけるファッションのあり方の諸問題をとらえ、今一番先鋭的と思われる研究を進めているフィールドがサステイナブル・ファッションだ。私の著書『拡張するファッション』は、雑誌に執筆してきた原稿を集めた本で、重要項目となりそうな点については再取材を行った。なかでも当時ニューヨークのパーソンズ・スクール・オブ・デザインで准教授をしていたパスカル・ガテンの言葉は、今もサステイナブル・ファッションの世界を牽引する注目すべき思想であると確信している。同書のなかでパスカルは、「毎日の暮らしを高度に創造的で美しい経験の場にすること」を目指し、従来のアート、ファッションという枠組みから離れ「日々の生命にあふれた鮮やかな出来事」や「関係を築く方法」としての、アートとファッションに興味がある、と語った。

パリコレクションに一九九四年にデビューしてから長らく、服づくりと教育を並行して行ってきたパスカルは、今オランダの美大大学院で経済、テキスタイル、サステイナビリティ、ファッションなど領域横断的な学びのカリキュラムを制作し学生を指導している。「学生たちは、彼らにふさわしい、喜びと楽しみをもたらす技術と能力を伸ばすような支援を受ければ、この世界にポジティブに参加する方法を身に付けます。私にとって、これが持続可能性（サスティナビリティ）の真の概念なのです」「愛と美の感覚をもって制作し、世界に参加する人たちは～建設的で、喜びに満ちて、周りにどんどん伝わっていく方法で、情熱的に貢献することでしょう」（パステル・ガテンの言葉『拡張するファッション』より）。日々若者たちに接し、未来のビジョンを育み続ける彼女はそう語っていた。

パリ、ニューヨークに加えてオランダという場所は一九九〇年代以降のファッションの世界において、クリエイティブなファッション教育という意味で貢献してきた。そういった、ファッションをコンセプチュアルに拡大するという意味での、欧米の最先端の教育からは無縁の場所から登場した居相さんだが、彼の実践こそが、こんがらがったファッションの行先のひとつを提示しているように思える。
サステイナブル・ファッションについての先端的な教育を受けたわけではない。けれども、日々の田舎暮らしが、自然のなかに身をおく家族との暮らしこそが、彼の感受性を育てる学校なのだろう。だから、居相さんに学校はいらなかった。けれどもパスカルが予言したように、「建設的で、喜びに満ちて、周りにどんどん伝わっていく方法で、情熱的に」サステイナブルなファッションのあり方を、彼自身の生き方において、実践し更新していく人。それが居相さんなのだと思う。三〇歳に満たず、海外の地に足を運んだことはまだない居相さんだが、いつかそういう場所に呼ばれることもあるだろう。彼の生き方は、コロナ後の世界において先駆的なものに、間違いなくなるだろうという予感がある。

二〇二〇年のコロナ禍を経験して思うところを、居相さんに聞いてみた。「疾病流行の前後で、自分たちの暮らしに変化はありません。いつも通り、自分の手で衣服をつくり、畑をして、夕暮れ時には美しい村を散歩します。けれどもこの世界におこった変動と現状を感じ取って、自分自身を見つめ直してみたい、衣と世間とのつながりをより明確にしたい、と思いました」。九月に行った新作発表は屋内で行わず、あえて山のなかで、「陽、雨、雷、風、土、火、木、草、水が体内にまっすぐ浸透する場所で」、新作の衣服を発表した。「日々流転する、建てては壊すその日暮らしのような時間。それは儚く見えて、永続的なもののはずです。土地から生えて、そこでそのまま生活しているような、無常な生が立ち現れるような生き方を示したい、と思って山のなかでの展示を行いました」

二〇二〇年秋には住まいとアトリエを、兵庫県と京都府の境に見つけた新天地に移動することを決めた。ここでは数年かけて、なるべく自分たちの手で木の伐採に始まり、さまざまな作業をこなしながら、住まいと仕事場を整えていく心づもりだ。その過程で居相さんの思想と制作は、またあらたに純度を深め、輝きを増していくのだろう。

インターネットを駆使し、遊びながら生きる

山下陽光

山下陽光（やましたひかる）
一九七七年長崎生まれ。福岡在住。リメイクした安価な洋服ブランド「途中でやめる」のデザイナー。インターネットとリアルの中間でできるもう一つの別の広場をどうにか作れないか？ と LINE のオープンチャットやメルマガなどを使って試行錯誤中。

ある日、新聞を開くと、「SNSいじめ　逃げ場なく」「スマホに「死んで」追い詰められた中二は」という見出しが目に飛び込んできた（「朝日新聞」二〇一九年六月三日）。インターネットを介したSNSが生み出した環境は、閉鎖的で逃げ場がないという錯覚を与えがちで、その影響力から容易に人を死に駆り立てることができる。スマホとともに思春期を生きるという、誰も体験したことの

ない環境に苦しむ子どもたちを、大人は本当には理解できないし、心から共感することも難しい。

孤立した子どもたちの選択肢が「死」しかなくなってしまう状況に、どうしたら抵抗できるのだろうか。それにはまず、大人たちがもっともっと、子どもたちの近くにあるインターネットの世界を知り、その仕組みを使って遊ぶことなのかもしれない。今いる自分たちの環境を、どれだけポジティブに、創造的な方向で使いこなすことができるかを、身をもって知り、次世代に伝えていくこと。私たちは、自ら楽しさをつくりながら生きることで、納得のいかない「今、この世の中」に抵抗することができる。それは、子どもも大人も一緒なのだ、と思う。

子どもたちは、自分たちの集団のなかにいる異分子を言葉で攻撃し排除することを、たやすく「遊び」にしてしまう。何かしらの理由で「異」であることを余儀なくされる要素をもった個人が、いじめのターゲットになったときに死を選ばないためには、自分で別の「遊び」を見つけるしかないのだ。そのときに、「自分以外の別のいじめ対象を見つける」という、もっとも手近な、負の連鎖に至る逃げ道を選ばないためには？　その秘訣はどこかにつながりを求め、つながりを育てることだ。

人とつながってほっとする時間をもったり、どんなに小さくても楽しさの芽を見つけていくことが、鍵になってくる。いじめの渦中では難しいかもしれないが、自ら楽しさや遊びを見つける力、それを得られる場所とつながっていく力がますます問われていく。インターネットによって何にでもアクセスしやすく、極端なことに走ることも容易になった今のような時代こそ、大人も子どもも「遊ぶ力」こそが「生きる力」になっていくのかもしれない。

一九七七年に長崎県で生まれ、一九九五年に十八歳で上京した山下陽光さんは、文化服装学院の夜間部で学び、アルバイト生活を経て二〇〇四年、高円寺で古着屋を始めた。その後も松本哉《はじめ》さんらと立ち上げたリサイクルショップ「素人の乱」を筆頭に、数多くのプロジェクトにかかわった。「素人の乱」は二〇一一年の東日本大震災のあと、仲間たちとともに反原発デモを主宰し、サウンドデモという形態や二万人を動員したことなどで、大きな注目を集めた。二〇一三年に結婚や子どもの誕生を経て長崎県に転居、現在は福岡市に住んでいる。二〇一五年には編集者の影山裕樹《かげやまゆうき》さん、アーティスト下道基行《したみちもとゆき》さんとプロジェクト「あたらしい骨董」を立ち上げ「最先端の過去」に注目をしている。

一方で二〇一七年に刊行された初めての著書『バイトやめる学校』（タバブックス）で山下さんは、いやいやする仕事に従事することを拒否し、自分が得意なことで、かつ世の中に需要のあることをしよう、という生き方を提唱した。まずは、自分ができることをリストアップして可視化し、世の中の需要とのマッチングを考えてみよう、それで収入を得られるようになったらバイトをすこしずつ減らして、最後にはやめてしまおう、というのがこの本のメッセージだ。タイトルに「学校」とあるのは自分が先生と呼ばれたいからではなく、本のなかで彼の主張に触れたあとは、読者にそこから「卒業」してほしい、そこに書かれた言葉に影響を受けるだけでなく、自分で生き方を切り開いていってほしい、という思いからだろう。そうした「主体的に生きる」というメッセージが「バイトやめる」という言葉に込められているのだ。

この本では、不要になった自分の持ち物をスマホで手軽に売買してみるなど、ネット環境でより簡単になった交易を日々、実践することも奨励されている。それは自らの経験に裏づけられたメッセージでもある。

山下さんが長年、個人的に継続している活動が「途中でやめる」の服づくり。このブランドは二〇〇四年に始動し二〇二一年で十七年目を迎えている。服をネットで販売し始めた時期と、多くの人がスマホをもつようになった時期がほぼ重なったために、自分でウェブショップを立ち上げてそこで売れば、企業ではなく個人の服づくりであっても、そしてどこにいても商売ができる、というチャンスに恵まれた。

素人の自分がデザイナーになり、たったひとりでもブランドをもつことができたことを、インターネットによって世界がどれだけ変わったか、ということの実例だと山下さんは考える。昔はできなかったたくさんのことが、スマホをもった自分たちは、いつの間にかできるようになっている。それによって手にした可能性は、たくさんあるはずなのだ。だから本来は、誰もが自分の生き方に対してもっともっと、主体的に、積極的になっていいのではないか？　人の言いなりになって生きるのは、もうやめてもいいのではないか？　と。

『バイトやめる学校』で山下さんが発信したメッセージは4刷りを重ね、多くの人に響いた。その本を読んで悩みをふっきれた人もいるだろうし、まだどうしたらいいかわからない気持ちをしまいこんだままの人もいるだろう。山下さんが初めての著作で行った呼びかけに、あえて改善できる点を見つけるとしたら、それは〈やめる・やめない〉の二元論に陥ってしまいがちなところを、どうしたらいいか、ということかもしれない。それはどちらを選んでも、どこかに苦しさをもたらしてしまうかもしれないから。

「途中でやめる」の服は、最初は全然売れなかったが二〇一一年ごろから好調に売れだしたという。今ではとてもよく売れているが、山下さんの反資本主義的精神からくる「どこよりも安いことを目指す」「安い値段で売って、スタッフにも高い給料を払って、儲けない」という方針から、それまでと同じやり方では存続の難しさが見えてきてしまったこともあった。二〇一九年春には

「『バイトやめる学校』を書いたのに、当の自分の借金が増え、この俺がバイトをしなければいけないかもしれない、という状況になってきた」というジレンマを抱え、これまでと違うやり方を模索する時期を迎えていたころ。

ちょうどそのころ山下さんは、あたらしい拡がりを予感させるプロジェクト「牛丼ラジオ」(「牛丼を無茶苦茶美味しく食べるラジオ」)を仲間と立ち上げていた。それはスマホのボイスメモで仲間との飲食前後の時間を録音し、誰かが誰かと一緒にものを食べたり、話をしているだけの「番組」をつくり、それを「ラジオ」と称してYouTubeに公開するというシステムである。気心知れた仲間と時間を共有し、安心感と解放感を生んで、思わぬところで話が弾んだり、たとえ弾まなくてもその場の環境の音が面白かったりする。そして仲間うちと、彼らの居場所に興味をもった少数の人たちにむけて、公開する。それを自分の生活のなかで聞いた人が、感想を言いあう、というあたらしい「遊び」だ。二〇二〇年のパンデミックのなかでアメリカを中心に広まった、音声版SNSメディア、Clubhouseの先駆けともいえるこの実践は、山下さんの言う「仲間と飲みに行って先に酔い潰れてしまい、楽しい会話を覚えていられない悔しさか

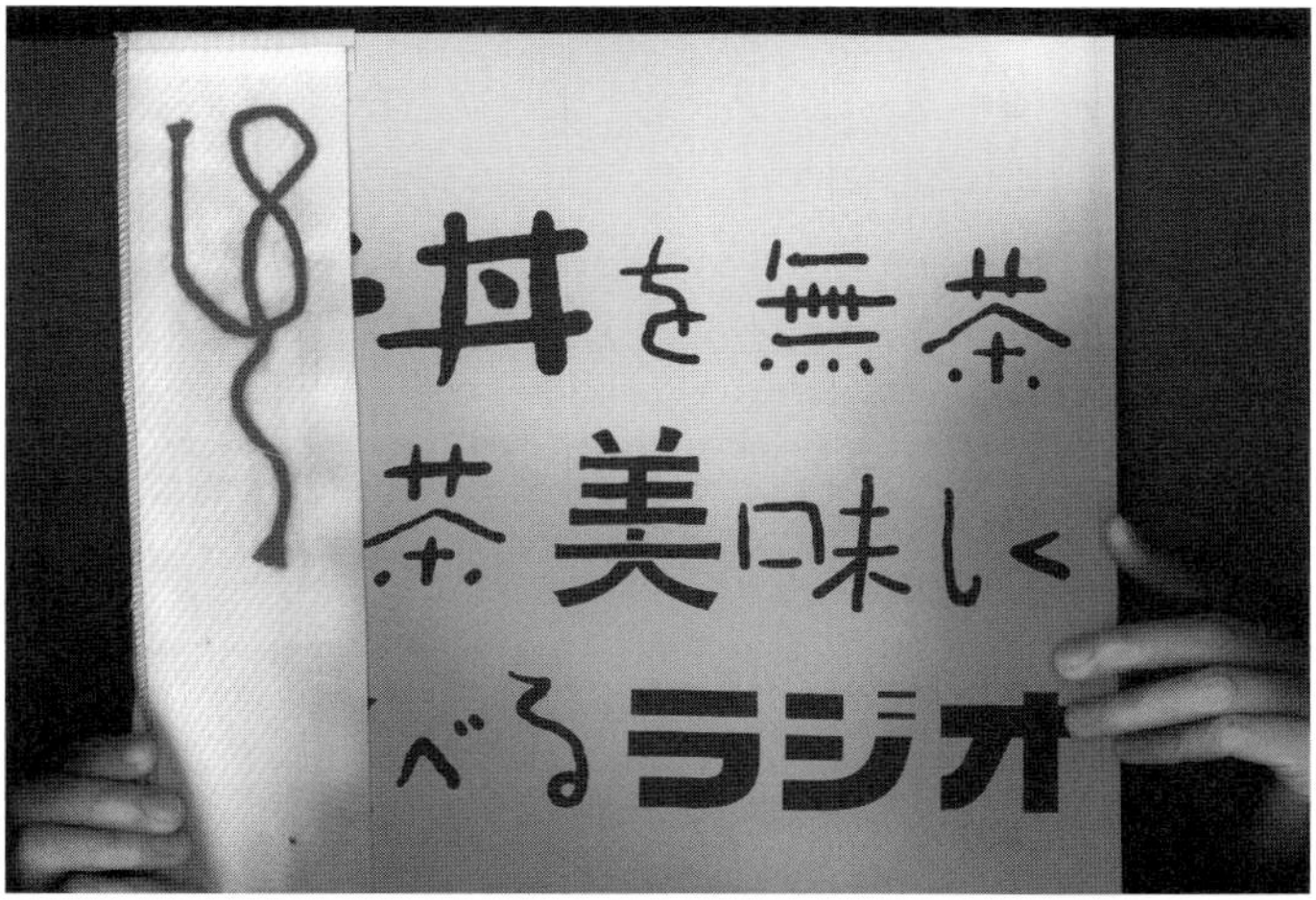
丼を無茶
茶美味しく
べるラジオ

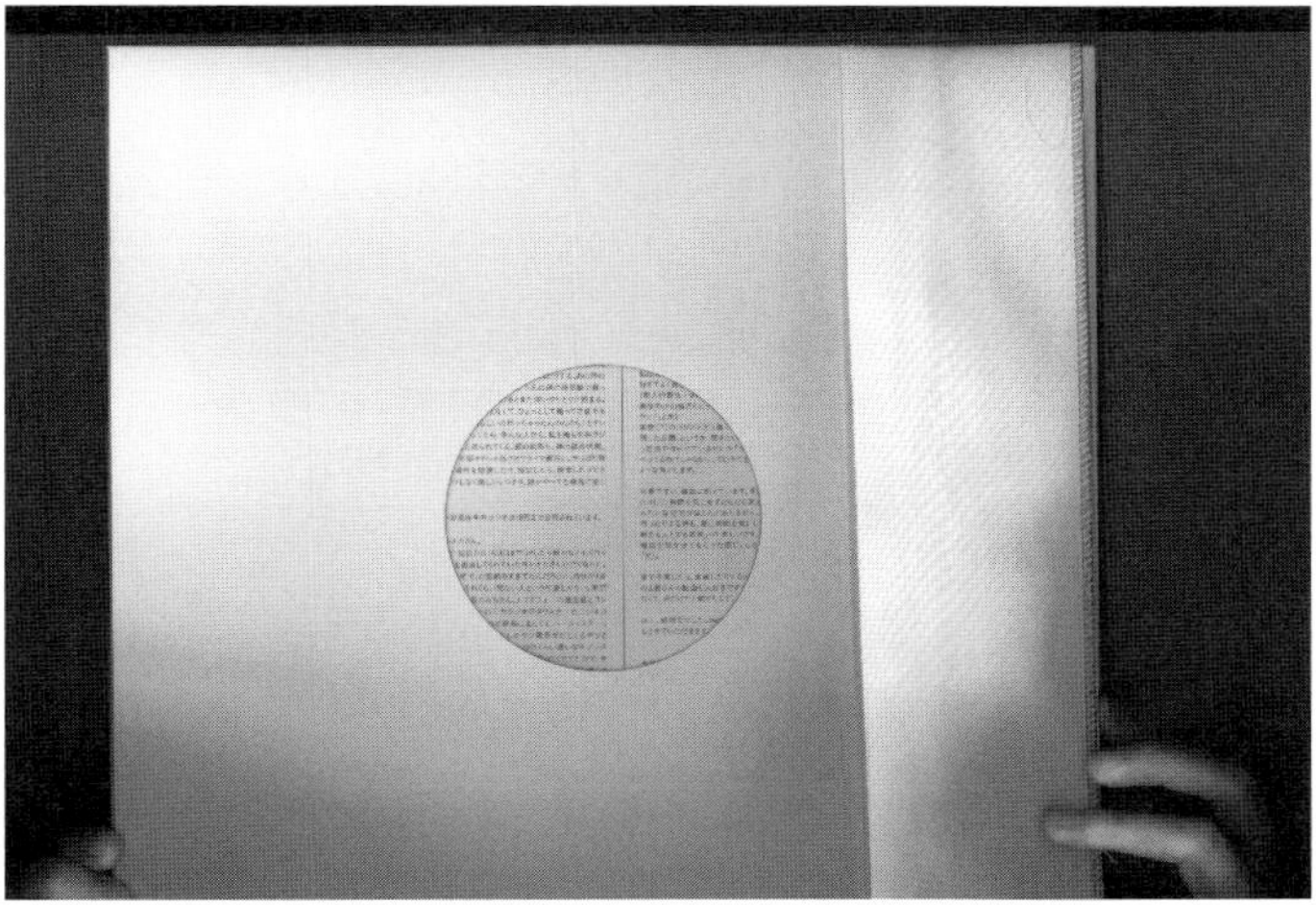

ら始めて、日常的に行っていた録音行為」に端を発していた。

山下さんは、ラジオを聞きたい人は「お金を払うこと」「感想文を送ること」「自分でラジオを録音してそれを送ること」などの複数の選択肢を設定した。なかでも第二、第三の選択肢に重きをおいていて、Twitterでしきりに誘いかけた。すると、山下さんのところには複数の聞き手から、自分の言葉で紡いだ感想文が、送られてくるようになった。「番組」を聞いているその時点の即時的な反応ではなく、聞き終わったあとにふり返って、頭のなかに浮かんだことを書き留めた感想が。なかには、番組の内容を書き起こしたり、登場した人の足跡をたどる地図を送ってくるほどの、熱心な聞き手もあらわれたという。

即時的な反応をテロップで流すテレビ番組が増えているけれど、そうした反射的な言葉に、思考はない。そのような見せかけのインタラクティビティではなく、日常の生活のなかで、楽しみながら紡がれた感想文が牛丼ラジオに集まってくる。それは山下さんの意図ではあったけれど、そこまでの熱意は予想外だったようだ。

「牛丼ラジオ」の番組を何本か聞かせてもらって、自分がライターになったときの最初の仕事を思い出した。「SPUR」という雑誌のアート欄の端っこにある情報コラムの連載。アートの展覧会情報を、より親しみのある形で読者に届けるための発信の場を与えてもらって、私は「林央子のお散歩アート」という連載を企画した。展覧会に行くまでの道のりや、そのときに聴く音楽のこと、またこの展覧会とあの展覧会を一緒に見よう、などの「展覧会を見に行く人の道のり」を軸にした、発信のスタイル。「散歩」と言ってみることで、展覧会を見に行くという行為を受動的な行為に終わらせたくなくて、自分で考える時間をもつことを提案したかったのだ。

「散歩」も「バイトやめる」も、いってみれば同じメッセージを発していて、それは、「選択するのは、決めるのは、自分だよね」ということだった。「牛丼ラジオ」はその一歩先をいっていて、タイトル自体は「牛丼を美味しく食べる」ことしか示唆していないし、受け手の行為は何も示されていないが、そこにグルメ的な美味追求の意味は込めていないと、山下さんが第一回の番組で表明している。つまり、「全国どこの店で食べても大体味が一緒の食べ物」として「牛丼」

が選ばれた、ということ。そこで取り上げられていることは、「どこの料理人のどの味を食べる」ではなくてむしろ「誰と、どんなふうに食べる」かであり、また相手や場面によって番組の設定は「話をしていれば、食べなくてもよい」「街の音があれば、話をしなくてもいい」のように、発展していく。「人が人といる」場を共有していくことがラジオ番組の成立要素で、それを聞いた人がまた「人といる自分の場」を録音して送り返す。そうすれば、スマホをもった人の数だけ、世界中がラジオ局に、発信者になりえるのだ。受け手も発信者も、立場を入れ替えることができる、ということ。それはすなわち、発信者と受け手の立場を自動的に決めてしまう、従来のメディアの独裁に異を唱えることでもある。だからこそ、牛丼ラジオは日常のなかのささやかな「革命」だということができる。

シナリオのない、ふつうの人しか出ない「牛丼ラジオ」は、その分余白込みの拡がりがある場所になっている。その会話の行方は、誰も知らない。「人が人といる」だけで、切り取られた時間。それを「番組」にしたのが、山下さんという目利きの力だ。無名の警備員だった佐藤修悦《しゅうえつ》さんがＪＲ新宿駅と日暮里駅構内にガムテープでつくった案内表示の表現力に山下さんが注目し、その書体を「修悦体」として世の中に認知させたという過去もあるように、つねに「本当に面白いことは何か」を考え続けている山下さんの活動はすべて、「本当の豊かさとは何か」についても再考を促す。

視聴者の数の多さよりも少ないことの魅力を重視し、少人数の輪のなかでの楽しさの循環や、楽しさの増幅を重視するメディアを立ち上げようという山下さんの意思は、「途中でやめる」の、服をたくさん売って、儲けない、という意思とパラレルな発想から生まれた。「服をつくって売っても、儲けを自分が独占しない」「メディアをつくっても、たくさんの人に届けるより、少ない人と濃密なやりとりをする」という考え方。より多く売る、より多くの人を説得するという、数に力点をおくことを当然とする社会で、決して「より多く」を目指さない場所をつくること。

「きっと、そのほうが豊かだから」「そのほうが楽しいから」。たくさんの人がこれまでやってきたやり方よりも、自分の直観を信じる、ということなのだ。

資本主義のやり方はもう古くて、自分の直観の先にこそ、あたらしい形のビジネスなり、それによって発展していくあたらしい形の社会が待っている、と山下さんは信じているのではないだろうか？

メディアが仕組んだ番組や、自分を見てほしくてしかたのない人々の発信があふれかえって、嫌気がさしている時代だからこそ、いろいろのものが「ない空気」が流れる牛丼ラジオは画期的で、だからこそその余白に進んで身をおきたいと思う熱心なリスナーが生まれているし、またリスナー同士が感想を共有しあうことで、番組で語られた時間がより豊かに育っていく。

きっちりスケジュールを組んだ旅よりも、寄り道にわくわくすることがある。人に薦められて読んだ本や、人に話を聞いて見に行った展覧会で、驚くような気づきがおりてくることがある。書きたいことがわからないまま書き始め、書きたいことを思い出すままに筆を進めて、どんどん楽しくなってしまうことがある。それは、ここには何もないんじゃないか、と思っていた場所がとつぜん、発見の場所になる瞬間だ。

さらにいえば、だらだらした会話なのか、日常の記録なのか、その行方知れずな行為に、楽しさのきらめきや、創造性が宿ることがある。人の視覚を奪わない「ラジオ」は、生活する時間のなかで何かをしながら聞くことが可能だ。物理的には離れていても、ラジオを聞くことによって、誰かがすごした時間を共有し、そこに流れる「ない空気」にその人なりの面白さを見つけ出していく。そのとき、その人は、無から何かを見つけ出す主体になっているのだ。

私が牛丼ラジオという「遊び」に出会ったそもそものきっかけは、一〇連休という長いゴールデンウィークを前に、執筆が重なって腰痛になり、出かけることもできずに自宅でゴロゴロしていた時期に山下陽光さんのTwitterを見かけたことだった。ちょうど令和の幕開けで、テレビ番組が一日中皇室関係のニュースであふれていたころだ。大晦日や元号が変わるときなど、「世間の人はみんなこれを見てくださいね」という強制力が働くと、窮屈に感じる。新元号についてのニュースがあふれているときに、別のものを選択するという行為の根っこにあるのは、小さな窮屈の感覚を我慢しないことの意思表示でもある。

山下さんの二〇一九年三月十五日のTwitterにはこうある。「クソみたいな世の中で、ネットで声がデカくて商売できるような奴らはやればいいけど、そんなんできないし、どうすりゃいいのかわかんないときにはこうやって集まって、地下ってわけじゃないんだけど、いろんな事を話して共有する、そういう場所や人を大事にしていくような事、続けていく」。このフレーズは山下さんが心酔するもと高円寺のレコード店「(円盤改め)黒猫」の田口史人《ふみひと》さんの発言からきていると聞くが、牛丼ラジオの発想のもとには、こうした考え方があったのだろう。

自分ひとりで考え込んでいないで、人と話をすること。自分がわからないことは、誰かに声をかけて聞いてみること。ここ数年、私は生活のなかでそのことの重要性を感じることが多かった。ずっと仕事をしてきたから、職業などの人の属性を知って、その上で人と付き合う場面が多かったのだが、数年前に私が出会った友人は、肩書きでいえば主婦だった。その人を私が心から尊敬した理由は、人に質問することを恐れないし、人から話を聞くための努力をおしまないからだった。ちょっとした失敗についての話や、たとえば自分の家族の弱みを見せるような、すこし、あるいはかなり気まずいことであっても、自分から口を開く。それだけで、世界が自分に見せてくれる姿は、まったく変わっていく。世界に対して自分を開いていくことは、誰もが自分の人生のどんな局面においても、恐れずするべきことで、それを行うことができる人が、勇気ある人なのだ。近くにいる人たちのためにも、自分は勇気をもって生きていきたいと、彼女を見ていて私は学んだ。

人と話をするということ。人の話を聞くということ。きちんとそれを行うということが、今本当に大事なことなのではないか？　ということを最近ずっと、考えている。人の話すことに興味をもったり、人と一緒にいたいという思いをもつこと。それは結局、広い世界で、自分の知らない人に対しても、きちんと敬意を払う、ということなのだと思う。

二〇二〇年になって、山下さんを一年前に悩ませていた借金は消えた。コロナ禍によってファッション産業の大企業が続々と廃業に追い込まれる時代に、山下さんの「途中でやめる」の服は好調で、むしろ余裕が出てきたという。次々にあたらしい遊び場を開拓する山下さんは、人と直に会うことが難しくなってきた二〇二〇年三月から、離れた地に住む仲間の下道基行さんと二人でのLINE通話を録音し、発信する「山下道ラジオ」を始動させた。またLINEのオープンチャット機能を用いた音声チャットグループを基地に、スマホ機能を利用したあらたなコミュニケーションの遊び場を、日々開拓している。それを山下さんの言葉でいうなら「集合知の実験」であり、「世の中クソすぎるけれど狭い空間では最高が回りまくっております」ということでもある。二〇二〇年夏には閉店が報じられた福岡のジュンク堂書店の売り場に、山下さんが一冊の書き込み用ノートをおき、街から書店が消えることへの無念さを市民が書き残す場をつくったことが話題を呼んだ。そのことが直接的なきっかけなのかはわからないが、当の書店は現在も場所をうつして営業を続けている。

あたらしい試みに貪欲な山下さんが二〇一九年春から始めた日刊の無料メールマガジンは、東日本大震災のあと思い立って始めていた思考実験である「面白いことの箇条書き」を、服の顧客や興味をもってくれた人に毎日届ける継続的なコミュニケーションで、それは次第に日本各地に散らばるオーディエンスとより密につながるためのメディアになっていった。さらには、期せずしてその後に迎えたコロナ禍をどう生き延びるかについての指針の、先鋭的な発信活動になっていった。インターネットで誰でもアクセスできる発信ツールとして山下さんが目をつけた無料のメルマガで展開された最先端の思考実験は、書籍化が待たれている。

すぐれた情報の発信者は、受け手より高い位置に身をおこうとはしない。つねに水平の場所にいて、そっと波を起こしているだけなのだ。その波がいろいろな岸辺に届いて、また波を送り返してくれる。送り返された波が重なってうねりになる。ささやかな波が集積されたときに、それはどれだけの破壊力をもつだろうか？　「本」というものをつくる人たちやそれを売っていく人たちの間には、「影響力は垂直に伝播する」と信じている人たちが、まだまだ多いのではないだろうか？

どうせ世界は変えられないと嘆く大人より、あたらしい道を見つけて楽しんでいる大人。どうせなら後者でありたいと思っている。山下さんの活動や発信には、自分の居場所から世界を変えるための、ささやかな活動のヒントがあふれている。

人と人をつなぎ、人の間にいて生き生きする山下さんのマルチプル活動の核が、なぜ服づくりだったのだろう？

山下さんを長く知る人からは、そんな声も聞こえてくる。私たち人間にとって、装うことは生きることであり、自分が仲間と感じられる人々への応援歌として、服を安価に提供しつづけるというのが「途中でやめる」の趣旨ではないだろうか。そこには信頼をベースにした仲間との協働という、あたらしいつながり方の図式が見えてくる。

「自分だけは損したくないとか、自分だけが助かりたいという行動を今、みんながしているので、その真逆をやって働いてくれる人にお金を払いまくったりしながらつくって、損かもしれないけどなぜかやっていける。それを持続していたら、小さな世界が力強く広がっていっているのを実感しています」

インターネット上に不定期にアップされる、家内制手工業でつくられる「途中でやめる」の服は、着る人や季節を選ばないTシャツや、ウエストがゴムのワンピースなど、着る側にやさしいデザインの服、ほしいと思ったらいつでも買えそうな価格、でも面白さや遊びがつまった服であり、毛糸を刺しゅうに用いて落書きのように文字や形が記された服である。コロナ禍のもとでは「その日の花を摘め」（ベストが大流行したときに産まれたフレーズで、日々を充実させて生きようというメッセージ）Tシャツ、友人のミュージシャンであるミカカさんの歌詞からとった「君だけが狂ってない」Tシャツをはじめ、ここぞというときに気分を昂揚させてくれそうな、特攻服のパロディ服などもある。

「服用という言葉のなかに、服という文字があります。自分が誕生日の前日に友達と集まって呑んで、食べすぎて翌朝弱っていたら、友人が匂いのきつい薬をくれたんです。臭くて飲めないと思ったら、『飲まなくてももっているだけで大丈夫って思えるだろ?』って」

その服をもっているだけで、自分が守られていると思える、しっかりと生きていくことができる、という感覚を、服は着る人に与えることができる。

日の花を

ファッション産業の業績不振のニュースは枚挙にいとまがない。

一方で、山下さんは「一ヶ月で、五〇〇〇円以内の服を一〇〇着つくって、売り切れるものを計算してつくっています。これで五〇〇〇円って凄いだろう／どれだけ手がこんでいるんだ／発想が面白すぎる／着やすい／良いもの／この順番とバランスを入れ替えながらつくっています」と、独自のバランス感覚によるビジネスを展開している。その基盤には「縫製工場で出る残布。本来は廃棄しなければいけないはずのそれを安価に仕入れて、提供してくれているのが、日暮里の繊維問屋街なんです。ここには世界中から布を買いに来る人たちがいて、世界一布が安いんじゃないかと思っています。そこで布を仕入れているから「途中でやめる」の服も安くつくれる、というのが前提としてあるんです。従来は、服飾学校の学生やかけ出しのデザイナーが布を買いに来る場所として知られていましたが、最近は不景気なのでいろいろな方が買いに来ていて、九〇年代の裏原宿にいるのかと思うほど、思いがけず誰かに会えてしまうような、うれしい出会いの場にもなっています」

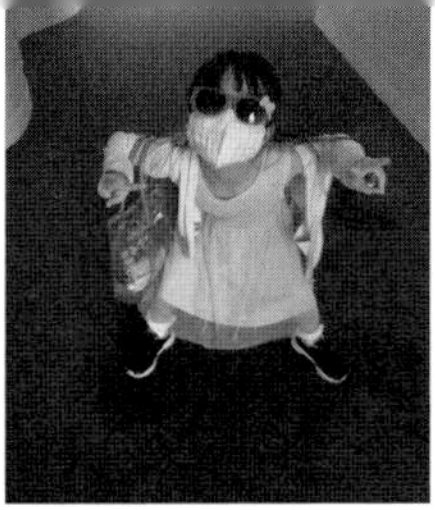

まさに、私たちが生きる時代の、生きる芸術としての服やファッションは、こんなところの実践にこそ見つかるのではないだろうか。

第三章

形あるものをつくらない

PUGMENTは服をつくる。

だから究極的には「形あるもの」のつくり手ではある。

けれどもあえて「形あるものをつくらない」という章においたことには、理由がある。

彼らは今、服というものがおかれた状況に着目し、そこから発言をする。

だからこそ、彼らの作品は「もの自体」というよりも、そのものについて、服についての、考え方を提案しているのである。

形のないものをつくる。

つまり、思考や関係性をつくる。

その潮流は、ファッションにもアートにも見受けられるあたらしい流れである。

見えない敵と戦いながら、自分たちの居場所をつくるために

PUGMENT

PUGMENT（パグメント）
一九九〇年東京生まれの大谷将弘と今福華凜が二〇一四年に設立。ファッションにまつわるイメージと人間の営みにより衣服の在り方が変化する過程を制作工程に組込み、すでにあるものに別の視点をもつための衣服を発表する。

二〇一一年に『拡張するファッション』を出版したあと、いろいろな人に声をかけられて、トークイベントを行った。なかでも「いま、ここで表現すること」はいろいろなゲストを迎えて私が話を聞くという場で、前半は銀座のレストランの空き時間を利用したignition gallery（現存せず）で、後半はカフェなどさまざまに場所を変えて、毎週月曜日に何回か実施した。

二〇一一年一〇月二四日の現代美術家・谷口真人さんとのトークの終了後に、若い二人が声をかけてくれた。ファッションに興味があるという美大生の男女で、そのとき何を話したかはあまり覚えていないけれど、そこからしばらく経た二〇一四年の春、慣れない手つきで記されたPUGMENTの展覧会招待状が届いた。ファッションの展示会案内にしてはフォーマルな、ビジネスレターのお手本通りに書いたような緊張感が漂う直筆の手紙で、あのときの彼らだと思い出した。

ちょうど二〇一四年二月に水戸芸術館現代美術ギャラリーで『拡張するファッション』展が始まり、その後四国の丸亀市猪熊弦一郎現代美術館に、展覧会が巡回することになっていた時期だった。丸亀の展示の準備をしている写真家のホンマタカシさんから連絡があって、PUGMENTの新作はぜひ見た方がいい、と聞いた。自分でも見に行くつもりにしていたので、代々木上原のNO.12ギャラリー（現存せず）に出かけていった。

ところで、その二人のポートレートがその後、丸亀に巡回した展覧会の、ホンマタカシさんの展示に含まれていたことに気づいた人が、どれだけいるだろうか。水戸の展示には含まれていなかったから、図録には収録されていない。ホンマさんが巡回展に選んだ展示作品のなかに彼らのポートレートが含まれていたということは、二人のその後の活躍を、示唆していたのかもしれない。

ギャラリーのなかに入ると、路上で撮った写真が壁いっぱいにひきのばされていて、そのイメージは服の上にもプリントされている。服自体は、トレーナーとかジャンパーとか靴下とかマフラーなど、日頃から見知ったもので、ありふれた形をしていた。

あのときのトークに来てくれた若者二人は緊張しながら、小さな冊子を見せて自分たちPUGMENTのプロジェクトを説明してくれた。その空間には彼らのつくった服があるのだけれど、服が置かれたその空間全体を使って、写真が展示されているようだった。そのイメージとして使われている写真は、彼らが道に落ちている服を発見したときに、彼らのスマホで撮った画像だった。風に吹かれた洗濯物なのか、誰かの不用意な落とし物なのか、さまざまな理由で服が道に落ちていることで、写真に撮られ、そのイメージが服の上に転写されて、また服になる。服と写真が入れ子構造のように現れる、追いかけっこのゲームのようだった。

これはユーモアの感覚で楽しむもので、それを楽しむ感覚は彼らの世代に特有なものではないだろうか、と感じ取った。残念ながら私はその行為を、自分のうちにあるユーモア感覚で受けとめて、楽しむような感性をもちあわせていなかった。けれども過去にいろいろなつくり手を取材してきて、あたらしいものが現れる瞬間というのは、たいがいが、自分のなかに「理解できる」感覚というよりは「よくわからない」感覚が勝っていることが多い、と体験的に知っていた。だから私は、その「わからなさ」や距離感を、大事にしたいと思いながら、そのギャラリーをあとにした。

MAGNETIC DRESS（2014）

MAGNETIC DRESS NO.1

DATE

15 October 2013

AREA

7 2-chome,Hyoei Hachioji-shi,Tokyo

ITEM

T-SHIRT

CONDITION

WET

MAGNETIC DRESS

LABEL

2013.10.15
7 2-chome,Hyoei
Hachioji-shi,Tokyo
PUGMENT found it.

その数年後に彼らは、自分たちの拠点とするオルタナティブスペースやギャラリーで、ファッションショーを開催するようになった。会場整理や入退場を仕切るスタッフ、音楽を流すＤＪ、モデルたち、ショーのディレクションをする人が、ショーの配布物にテキストを寄せる評論家や、彼らとコラボレーションを重ねる写真家、あるいはグラフィックデザイナーを兼ねていたりする。そこにいる人はスタッフも観客もモデルも、若さというエネルギーをいっぱいに表現していた。

ファッションブランドPUGMENT創設者の大谷将弘《おおたにまさひろ》と今福華凜《いまふくかりん》は、ともに一九九〇年生まれだ。彼らが一〇歳になるころ、二〇〇〇年にはラグジュアリーなファッション誌としては初めて「アメリカン・ヴォーグ」がネットマガジンに参入し、それを皮切りにして、それまではインターネットとの付き合い方を躊躇していたようなメディアやブランドがこぞってネット界に参入するようになり、ウェブ上でトップブランドのファッションショーを見るという行為が当たり前になっていった。

一九六〇年代にパリ・プレタポルテコレクションが始まってから彼らの生まれたころまでは、世界中のほんのひと握りの人しかファッションショーを現場で見ることはできなかった。またそのころはまだ、商業のグローバル化もさして進んではいなかった。ファッションをめぐる情報環境ががらりと変わったあとに、彼らは登場したのだ。

現代アートの世界で作家を志していた二人は、二〇一四年にPUGMENTを創設する。三年後の二〇一七年六月にファーストショー、二〇一八年三月に二回目のショー。アパレルブランドとしての由来をもたない彼らの、コンセプトを全面に打ち出した二回目のファッションショーが終わったときには、その場を大勢の人の熱気が包み、その余韻にいた人々は、なかなか会場を立ち去ろうとしなかった。そこにある服を自分も着てみたり、さわってみようとする人たちや、今見たことを語りあおうとする人々であふれていたのだ。

1XXX-2018-2XXX-1（2018）

PUGMENTは二人のデザイナーがつくるファッションブランドではあるが、ものづくりの頂点に君臨するデザイナーと、その下で感性や労働力を提供するスタッフという、従来のブランド産業の構図をとらない。ショーを手伝う若者たちも、彼らとタメ口で話をする。

商業的な成功がまだない地点から若者が大勢集まるショーを実現できたのは、彼らの周囲をとりまく人との関係性と、それぞれの参加者がPUGMENTに注ぐパワーによるところが大きい。PUGMENTは参加者がいきいきと、自発的にかかわる場をつくろうと意図した。

「PUGMENTに熱心に参加してくれている人は、たとえばグラフィックデザイナーだったりミュージシャンだったり、アーティストだったり。その人のできることは人それぞれだけど、同じ場所にいて、同じ夢を見ているんです。自分たちは『山に登ろうよ！』と言っているだけで、どの山をどう登るかは言っていない。興味をもってくれた人、面白い！　と言ってくれた人が集まってきているんです」

いじめられて学校に行けなかった中学時代に、ファッションに興味をもった。学校に友達がいないから、原宿に行くようになった。ファッションのもつコミュニケーションの側面に可能性を感じた。「いじめっ子から離れたくて、地元を離れて原宿に服を買いに行くことが楽しかったんです。お店の人と話をしたり、芸能人が着ている服を調べて買いに行ったり。いつも『誰かになりたい』想いで服を替えていったんです。自分の現状を否定して、ファッションで別の人格をつくることで、人と会うのが楽しくなることを経験していました。いじめられなくなっても、憧れの誰かのイメージを装うことを続けていました」

「その後、美大に入って、アーティストになるためにアイデンティティをさがしても、自分なんてどこにも見つからない、と気がついたんです。それよりファッションで自分をつくる行為のほうが、しっくりきました。装うという行為は、クリエイティブだと気がついたんです」。そして大学時代、ファッション業界にとびこんでみたくなって、あるブランドのインターンを体験する。工場とのやりとりやボタン付けを淡々とをこなしていくなかでふと、「これは、偶然に面白いことが生まれる可能性が少ない組織のあり方ではないか?」と思った。そんな経験から、制作過程で意図しないことが起こっても、むしろ面白がって別の方向に進めるようにしたい、と考えるようになったという。

「デザイナーが偉くて下にいる人がその意見を聞く、という形ではないチームを、どうしたらつくれるだろう？　と、ずっと考えていました。一回目のショーでは、いろいろな人が自主的に、アイデアを出し合う、という関係性が生まれていました。二回目のショーは、ヒエラルキーをつくらないことを目標にして、『手伝ってくれる大学生となるべく対等に意見が言える環境にしたい』と思いました。すると『スウェットつくってくださいよ』とか、『こういう服がほしい』とかの話が、LINEで飛び交うようになりました。みんな、自分でやりがいを見つけてくるようになったんです。チームとしての結束が高まった、というのではなく、『PUGMENTがどこまでできるか挑戦したい！』と、ひとりひとりが思い描くようになっていました」

その感覚について彼らは「ひとりひとりがみんな、『海賊王になろう！』と思っている感じ」、と人気漫画「ONE PIECE」をあげて説明する。ともに育ったともいえるこの漫画から「夢への冒険」「仲間たちとの友情」といったテーマを読み解き、今自分たちが生きる世界に自分たちの闘いを挑みながら、あたらしい居場所、あたらしい共同体を思い描く。そのフィールドとして選ばれたのが、ファッションだった、ということができるのではないだろうか。

彼らは美大に進学した。けれども作家性が問われるアートの制作現場は、ファッションほどには協業の機会が多くはない。ファッションというフィールドの魅力のひとつは、多くの人が自分の得意分野で黒子のようにかかわって、みんなでひとつの場をつくりあげることでもある。

「一回目のショーは、当時自らも参加していたアートコレクティブがあった建物で行いました。そのアートコレクティブには感覚が合う仲間がいたんですが、一緒に何かをするときには、夢を共有していることが大事なんだ、とショーを実現したことでわかったんです」

PUGMENTの二人はそれぞれ、自分の作品をつくった経験もあるが、そのときの当事者意識と、今自分たちがファッションブランドに込めるものは異なるという。自分たちの居場所をつくる、という夢をもつこと。「みんなで」何かをしたい。そういう思いが彼らの原動力になっている。また、彼らがまだ学生だった二〇一三年ごろに、ISIL（イスラム国）についての本を読んだことも、この方向性に向かう重要な原体験になっているという。

「イスラム国は怖いけれど、そのヒエラルキーのない組織の構造をクリエイティブで希望のあることに使ってみたら、面白いことができるんじゃないか。さまざまなスタッフが自主性にもとづいて、クリエイティブな行為を起こすシステムに使えないだろうか。憎しみを生むテロでも戦争でもない、もっと未来に可能性をもてる何かを、つくることができるのではないだろうか？　と思ったんです」

一九九〇年代後半以降、ファッションメディアの報道を賑わせたのは、産業のグローバル化が進んだことによるデザイナー交代劇だった。老舗のブランドが、巷で話題のデザイナーを登用する。一九九七年にマルタン・マルジェラがエルメスのデザイナーに起用されたことは大々的に報道されたし、このころからLVMH社がファッション界に影響力をもつようになって、今日のアヴァンギャルドが明日のラグジュアリーメゾンの顔になる、ということが頻繁に起こり始めた。ファッションには創造と経済、両方の側面があるが、時代が「経済の動きがすべて」という方向に傾けば、実験的な創造活動は起こりにくくなる。そのようなことも、周知の事実として認識しながら、それでもファッションを選んだ世代として、PUGMENTは活動を始めている。

彼らはファッションブランドという容れ物をまったく別のもの、悲観の器ではなく希望の器として眺めることができた。その発端には、ファッションの楽しさが自分を救ってくれたという切実な原体験がある。とはいえ、PUGMENTはまだ活動を始めたばかりのあたらしい組織だ。「すこしまえの時代までは、会社を大きくしていくのが目標だったかもしれない。今は、『楽しいほうがいいな』という感覚で進んでいくほうがあたらしいし、大事なことなのではないだろうかと実感していますと半年前には言っていたが、その次会ったときには「長く継続することが大事だと思うようになりました。だから会社を大きくすることも大事だと今は思っています」というふうに、その時々で言うことが変わっていることも、よくある。けれども、自分たちの問題を自分たちで考えることをあきらめないこと、ファッションに希望を見つけたこと、みんなと一緒に夢を見る共同体を尊重すること、そして装うということがクリエイティブな行為であるとみなす姿勢は、一貫している。

PUGMENTは、考えることをやめない。私が彼らをインタビューするときは、三時間×四回くらい話を聞いて、やっとひとつの記事になる、というくらい彼らの頭のなかには話したいことが渦巻いている。頭にある思考を一生懸命、言葉というツールを使って、時間をかけても丁寧に、世代の異なる私に説明しようとする彼らのようなつくり手に会うのは、私にとってもかつてない体験だった。ある日の取材で、その理由を聞いた気がした。

「僕たちが学生だった二〇一〇年前後、アートにもファッションにも音楽にも、表面的にカッコ良く見えるものがあふれている、という気がしていました。自分たちが育った環境も、見た目はカッコいいけど意味がないものばかりで、息を吸えばそういったものが体内に入ってくるような感覚がありました」

「僕たちの時代はインターネットがあって情報もたくさん手に入るし、コンピュータというツールもあるから、見た目が整ったものをつくろうとしたら、簡単にできてしまう。でも、どうしたらそこから逃れられるのか？　そのことをずっと考えてきました」。そこで彼らがつくる作品やコレクションは、その概念を説明する文章があり、その言葉によって意味をもたせたものをつくっていく、という流れをとるようになった。

PUGMENT結成前の、二〇一三年。まだ美大生だった彼らの周囲に、スーツ姿で就職活動を始める同級生が増えてきた。この年の新語・流行語大賞は「ブラック企業」。安倍政権の特定秘密保護法案に反対するデモが盛んな時期であり、東日本大震災後の原発問題も議論されていた。大きな問題は世の中にあるままなのに、ついこの間までデモに行っていた同級生たちもある時期にくるとスーツを着て「大人」になっていく。そのことに問題意識をもつようになった二〇一四年冬、PUGMENT結成の年に発表したコレクション《正しい装い》は、今まで自分たちが着てきた服を切り裂いてつなげ、パッチワークにして仕立てたスーツだった。そのスーツを着て西新宿の公園に、労働基準法が定めた労働時間である八時間居座って「大人になること」について考えた、というパフォーマンスを記録した映像作品。それは自分たちならではのデモであり、ゲリラ的なファッションショーの側面もある行為だった。

ファッションデザイナーとしてのPUGMENTが服に取り込んだあたらしさのひとつは、自分たちの生活環境にふんだんにあふれている広告写真などのイメージを、服の素材に取り入れたことだ。

たとえば、ファーストショーで発表された二〇一八年春夏コレクションは、ファッションブランドの広告で目にするモデルや服の画像を切り抜き、色を変え、拡大したり縮小してほかの服とつなぎあわせ、コラージュした服だった。コラージュした服と服をつなぎ留めているのは屋外でテント生地の結合部分に使われているようなハトメである。ひとつひとつのもとの服の出所を聞くと、グッチの広告だったりシャネルの服の一部だったりする。けれども、コラージュされてシルエットも着膨れしたようになり、もとの服やイメージはもはや誰も想像できないくらい変換されているので、その行為に彼らが異議を申し立てられることはないだろう。

そもそも「写真」と「画像」は異なるものだと、彼らは考えている。「『写真』

は、それを撮るために、機材を運んだり遠くまで足を運んだりした撮影者の身体を感じるものだととらえています」。一方、スクリーンショットやネットにあふれる服の広告など、作家性が感じられず情報としてのイメージは「画像」ととらえる。写真ではなく画像であれば、拡大したり切り抜くことにためらいはしない、と彼らは言う。「PUGMENTは画像から得たイメージを加工して、それを素材に服をつくります。そして、人に着せる。着る人の身体を得た『画像』の服は、人に着せられたことで、初めて『写真』になる、といえると思います」

このように、自らの情報環境を問い直し、問題を定義し、さらにあるものについての概念を書き換えるような彼らの制作行為は、アーティストのものといえるだろう。アートにもファッションにも、良いところがある。その両方を吸収しながら、その両方にまたがる居場所を自分たちで築いていこうとする彼らには、スーザン・チャンチオロ、ブレス、コズミックワンダーのような先達がいる。事実彼らは「大学時代に『拡張するファッション』を読んで、コンセプトをファッションにもちこんだブレスやコズミックワンダーの活動を初めて知り、自分が趣味として好きだったファッションでも何かを表現ができるのだと、視野が拡がりました」と話す。

彼らのもつ、またもうひとつのあたらしさは、日本人が明治維新以降、西洋化のなかで洋装を受け入れ、ファッションを取り入れてきたという歪みに目を向けていることだ。「あるときヨーロッパから帰国したら、自分たち日本人の洋服の似合わなさに気がついて愕然としました」という、多くの人が体験したことのある感情を出発点に、《My Clothes》などいくつかのコレクションを発展させてきた。

今いる自分たちの場所をよく見つめ、自分たちの抱える問題ひとつひとつに向きあっていくこと。PUGMENTの道のりは、その真摯さによって切り拓かれてきた。好きなことや楽しいことを原動力とすること。自分の居場所をとことんよく見つめること。そして、夢を見ること。その明るさの裏側には、グローバル経済や時代への絶望があるとしても。

PUGMENTは《正しい装い》で、就活のスーツを拒否して、手づくりのスーツを着てただ八時間、新宿の公園に座り込んだ。そこにあるのは、しずかな抵抗の姿勢だ。若者であふれたファッションショーの賑わいと、絶望する個、そのどちらもPUGMENTにある。思いを言葉にして仲間たちとの共通言語をつむぎながら大規模な表現行為をすることと、言葉にしないで感情に向き合い表現すること、どちらも諦めない、と言い換えてもいいのかもしれない。

「考えを人に伝える言葉が必要だという思いと、言葉にならない思いや感情を大切にしたいという気持ち。その両方がある気がします」

この取材と執筆のあと、二〇一九年から二〇二〇年にかけて、PUGMENTは東京都現代美術館と東京都写真美術館二つの美術館のグループ展に参加した。東京都写真美術館の方は私が監修をつとめた『写真とファッション』展で、五組の作家のうち、最後の部屋にインスタレーションを展開した。コレクションをつくるプロセスをレシピのように展示したのだ。《My Clothes》や《Scrap》

などのように、「私たちが日々の生活のなかで、あたらしい服の情報をどのように与えられ、そのことにどんな感情をもっているか」ということに着目し、その違和感や疑問から、あらたな視点を考えていく、という彼らの服づくりは、ファッションとはまた別の分野に、似た表現方法を見つけることができる。たとえば、自分たちの環境に対し自嘲を込めて歌うラップミュージックの自己主張のようでもあり、また文脈を批判するメッセージを放つという意味では、バンクシーなどのストリートアートの文脈で彼らの活動をとらえることもできる。その文化の「文脈について考える」ことを出発点にする、ということは私たちの環境について再考することでもあり、また批判する眼をもつという意識のもち方でもある。

ファッションという分野は検討すべき課題、エシカル・イシューがたくさんある。大量生産、過剰な情報性やサイクルの速さなど、根幹にある制度に問題提起を行っていくと、行き着くところは「魅力的な服をつくる」こと自体に抵抗をすることになってしまう。けれどもPUGMENTは服を売って存続するブランドである、というところにジレンマがある。知性に並行して服をつくれば、ものとしての魅力を極力抑えた服にたどり着く。けれども人は、もっと素敵に装いたいという感情がある。そのジレンマをどうしたらいいか、というのが、PUGMENTと最後の取材で会ったときの、彼らの関心事だった。三時間あまりの時間は、夢を語るというよりは、活動の年月を重ねるにつれて向き合う厳しい現実にどう向き合うか、自分たちの到達も限界も両方視野に入るゆえの苦しみ、という通過点に、彼らはいるようだった。

PUGMENTの魅力は、現実から目をそむけないこと。そこから考えることをやめないことだ。二〇一七年にアーティストの竹村京さんが、東京藝大芸術学科で彼らをワークショップ講師に招いたことがある。「洗濯のワークショップをしたいです」と提案した彼らは、教室のなかに簡易プールをもちこんだ。その日、学生たちは洗濯したい服を持参して、ひとつのプールを7、8名で囲んでその服の思い出を語りながら、洗濯をした。学校の教室で、洗濯という行為をともにするという意外な展開に、普段話をしないような、服にまつわるプライベートな話が次々と飛び出した。水面をはさんで、しゃがみながらのコミュニケーションは太古の時間につながるようで、ひとりひとりを覆っていた殻が、いつの間にかはじけ飛んでいくような、潔さのある授業になった。その日、洗われた服が干された教室には、ひとりひとりが脱皮した抜け殻が、彼らの成長を誇るかのように吊るされていた。PUGMENTも日々、考えることを決してやめない。今を見据えて悩み続けながらも彼らは脱皮を重ね、成長を続けていくのだろう。

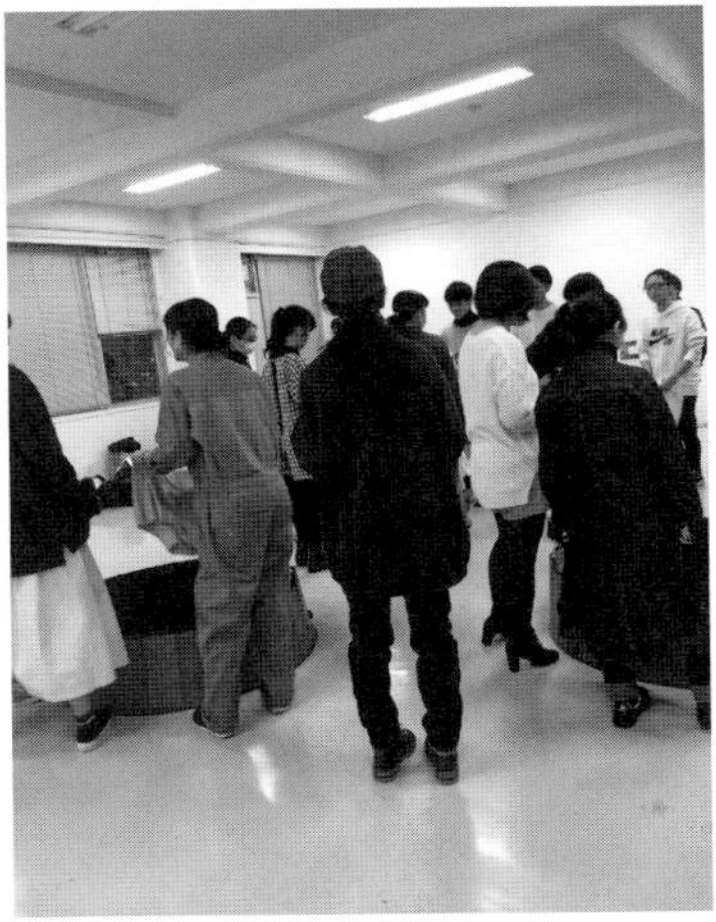

東京藝術大学美術学部芸術学科公開講座（担当講師 竹村京）
「洗濯と対話のワークショップ」(2017)

世界を編集しながら生きる力
田村友一郎

田村友一郎（たむらゆういちろう）
一九七七年富山県生まれ。京都府在住。アーティスト。すでにあるイメージや素材に独自の関係性を導き出し再構築することで、時空を超えた新たな風景や、物語を立ち上げる。

モスクワ、シンガポール、上海、釜山、京都（以上二〇一八年）、ニュージーランド、デュッセルドルフ、台中、広島、富山、東京、横浜（以上二〇一九年）。コロナ禍の二〇二〇年も上海、ベルリン、横浜（以上オンラインも含む）。国内外、とくに海外から頻繁に展覧会の声がかかり、多忙をきわめる田村友一郎さんを最初にインタビューしたのは二〇一二年の秋のこと。その翌日から制作のためにベトナムへ、そして二〇一三年からのベルリン芸術大学への留学がひかえていた秋の終わりだった。

取材のきっかけになったのは二〇一二年秋に開催された、東京都現代美術館での『MOTアニュアル2012　風が吹けば桶屋が儲かる　Making Situations, Editing Landscapes』という展覧会。MOTアニュアルという、注目の若手作家の一団が例年紹介されるグループ展は、私が当時執筆していた、東京に特化した鮮度の良い情報を売りにしている「GINZA」というファッション誌のアート欄で紹介するのに、ぴったりの企画だと思われた。タイトルもみんなが聞いたことのある諺が採用され、広く興味を喚起しやすい展覧会ではないかという期待を胸に見に行ったけれど、実際に展覧会場に着いてみると、「編集者にどう伝えたらわかってもらえるだろう……」という思いが去来した。読者に届ける前に、編集者にその魅力を伝えられなければ、記事が成立するとは思えない。

その展覧会の、プレスリリースにはこうあった。

東京都現代美術館が継続的に開催している若手アーティストを中心としたグループ展『MOTアニュアル』。本年は、物事の通常の状態に手を加え、異なる状況を設定することで、日常の風景に別の見え方をもたらす七組のアーティストを取り上げる（中略）彼らは自らの手で造形を行うのではなく、他者を介在させ、人々の想像力に委ねる。展示のみならず、パフォーマンスやワークショップ、テキストの要素を含み、一言でその作品の形態を表すことは難しい。

展覧会の説明文には、参加した七組の特徴がそのように紹介されていた。田村友一郎さんのほかその後ヴェネチア・ビエンナーレの日本館代表作家となった田中功起《たなかこうき》さんや下道基行さんも参加しており、今となってはその「流れ」を整理して把握できる。

田村さんがこのとき展示した〈深い沼／Deep Marsh〉は、手法としてはそのグループに共通している作品だったのかもしれないが、何かしら、ほかとの違いを感じさせた。現代アートの作品の魅力を、普段美術館に行くことを習慣にしていない人たちにも、雑誌を通じて、届けたい。つねづねそう思っていた私が、その魅力を読者に届けてみたい作品は、〈深い沼／Deep Marsh〉だなと思った。

一九七七年生まれの田村さんは、グーグル・ストリートビューの映像をスクリーンショット機能で撮影し、それらをアニメーションのようにつなぎあわせた映像作品〈NIGHTLESS〉で二〇一〇年のメディア芸術祭優秀賞を受賞していた。二〇一二年の取材の前に、ユカ・ツルノ・ギャラリーで上映されていたその作品を見に行くと、昼間の風景のみがつなぎあわされて、永遠に夜が現れない映像が流されていた。

インタビューの場で、私は田村さんから、彼の意外な経歴を耳にすることになった。アーティストとして活動を始める前は、二〇〇三年から二〇〇八年にかけて「暮しの手帖」の社員カメラマンとして、撮影の仕事を担っていたこと。私も一時期連載記事を執筆したことのあるその雑誌は、料理のつくり方を載せる記事が十八番だった。私の母も愛読していたように、第二次大戦後に創刊された伝統ある家庭雑誌であることから、昔からの撮影方法を守っているオーソドックスな、「料理のつくり方の過程を読者に報告する手段としての写真」を撮るという仕事が田村さんのキャリアの始まりにあった。

そのことは、意外ともいえたが、腑に落ちる気もした。その後、ベルリンへの留学（二〇一三〜一四年）を経て熱海・京都・愛知と国内の拠点を移動しながら精力的に作品を発表し続ける田村さんの作品世界は、彼のこうした経歴からくる魅力ぬきには語れないのではないだろうか。

田村さんの作品について考えるうえで、インターネットの台頭によりウェブを介在する情報の伝播が主流になったがゆえに、すでに消滅しかけているかもしれない「雑誌文化」の現場のありさまと編集行為について、あらためて考察してみたいと思う。雑誌文化の最盛期ともいえる一九九〇年代を俯瞰するかのように、一九八八年から二〇〇一年まで資生堂が編集する月刊ファッション誌「花椿」の編集部に所属し、その後フリーランスになってライターとして、さまざまな雑誌の編集者との仕事経験を積んだ私の体験と、写真家を多数輩出してきた日大芸術学部の写真学科を卒業後、二〇〇三年から二〇〇八年まで「暮しの手帖」編集部に所属していた田村さんの雑誌とのかかわりを並置しながら、考えていきたい。

私は一九八八年、大学を卒業してすぐに「雑誌」を編集する仕事についた。写真や文字が印刷された紙の束は、都市文化から遠く離れた丘の上の団地で暮らす私にとっては大事な、刺激的な情報源だった。グラビアの華やかな「家庭画報」が垣間見せる素敵な生活や、「暮しの手帖」の身近な生活を題材にしながら、生きる姿勢を再考させるような読み物。十代のころ、母が定期購読していた雑誌から「文化」の匂いを感じ取っていたのはたしかだと思う。

外資系の企業や金融関係に就職しようとする同級生が多いなかで、自分は「雑誌」の仕事につきたいと、いつのころからか思うようになった。資生堂の

「花椿」編集部で働けることになり、十三年間仕事をして、二〇〇一年夏にその職場を離れ、フリーになった。編集部を離れる決意をして最初にきた仕事は、ファッション誌「SPUR」のアート欄に記事を書くこと。その後、二〇一五年までほとんど途絶えることなく、女性ファッション誌のアート欄に、ライターとして執筆し続けた。また、フリーになったあとまっさきに手がけたことは、商業誌とまったく異なるつくりかたで「雑誌」をつくろうということ。二〇〇二年に個人雑誌「here and there」をたちあげていた。

ちょうど、田村さんが暮しの手帖社で働いていた二〇〇六年に、社員編集者で雑誌をつくる伝統を貫いてきた暮しの手帖社では、経営の立て直しを目的に、異例の人事として、社外にいた松浦弥太郎さんを編集長として招いた。そしてそのころ、私のもとには、アメリカから意外な取材依頼がまいこんでいた。あるリサーチャーが、あたらしいスタイルの、個性的で少部数の「雑誌」を集めて本にするから、「here and there」の画像を送ってほしいというものだった。

二〇〇七年に、完成したその本が送られてきた。『THE LAST MAGAZINE ラスト・マガジン　世界の最先端マガジン・アンソロジー』。アメリカではリッツォーリ社が出版し、日本では日本語併記でPIE BOOKSが出版したその本は、近いうちに紙に印刷された雑誌はなくなるだろう、と予言するもので、そんな時代感覚のなか、多様化した個性的な紙媒体の雑誌を図録化したものだった。

その本を日本で手にとった時点において、出版不況はささやかれはしていたものの、この本の主張はまだまだ、絵空事に思えた。

「我々が雑誌だと思っているものは、今にも消えようとしている。二五〇年以上にわたって雑誌を雑誌たらしめてきたインクと紙は、徐々にデジタル情報に姿を変えつつある。こうした変化は、出版物の定義、販売、消費に大きな影響を与えるに違いない（中略）雑誌の市場は、二〇一六年までに一五％減少するだろう。二五年後に存続しているのは業界のわずか一〇％、それも雑誌通や熱心な雑誌ファン、年老いた技術革新反対論者に支えられて、永らえているにすぎないはずだ」（デヴィッド・レナード編　杉山まどか訳『ラスト・マガジン』巻頭テキストより）。

その本を見た当時はとても信じられなかったものの、情報はスマホから得ることが当たり前になった二〇一〇年をすぎるころから、「紙の雑誌が（ほぼ）消えた」ことは抗いようのない事実と思えるようになっていた。そのころには田村さんは、雑誌の仕事をすでに離れており、アーティストとしての一歩を踏み出そうとしていた。

私が、今はすでに過去のものとなりつつある「雑誌」をつくる仕事につき、フリーとなってからさまざまな雑誌の仕事をするようになって実感したことのひとつは、雑誌の現場で働く人たちのもつ、読者に情報を伝えるための、職業的な能力の高さだ。編集者はあるイメージ、一枚の写真を、雑誌に印刷して掲載することが、その雑誌を手にとった人にどんなインパクトをもち、どんな効果を与えるかを想像できる技能をもった人たちだった。

ひとつの「雑誌」の背後には、写真家、編集者、デザイナーなどたくさんの人が働いていて、それぞれがその特殊な能力を発揮して、掲載するイメージをつくり、また選んでいる、という事実は、フリーランスになって、彼女たちと雑誌をともにつくる立場にまわって初めて、知り得たことだった。私が最初に所属した「花椿」の編集部では、編集の仕事を二〇年、三〇年と重ねてきた人に仕事を教わったので、いわゆる伝統的な編集を学んだといえる。そこでは、長年アートディレクターをつとめていた仲條正義さんが、四二ページという市販の雑誌にくらべたら著しく少ないページ数から構成される世界を隅から隅まで構成し、小さな写真であっても仲條さんが選ぶという贅沢な制作が普通のことだった。ひとりのアートディレクターが平面のすみずみまで責任を持って仕上げる雑誌づくりという世界しか知らなかった私には、編集者が何十ページものイメージに責任をもち、次々にレイアウト素材を判断していくというスピーディーな月刊誌の制作現場は、その仕事を実際に体験するまで想像できていなかった。

二〇〇一年から私が「SPUR」などのファッション誌のアート欄に毎月執筆することになると、必ずその雑誌に所属する編集者と組んで仕事をした。「この月にはこういう展覧会があるなかで、私はこの展覧会や作家を取り上げたいと思うんです」と伝えて、イエスかノーの判断をもらい、テキストや図版を用意する。それはいつも共同作業だったし、仕事相手はほぼ皆、とても仕事に熱心だった。彼女たちの専門はファッションで、アートに関する知識はあまりないことが多かったけれど、それでも「うちの雑誌」にぴったりかどうかを判断する能力にはたけていた。記事の背後にはいつも、そうした編集者との話し合いがあった。

彼女たちと話し合いや仕事を重ねるたびに、言葉で説明できなくても直観的にイメージを選び取れる雑誌編集者の能力に感服していたし、自身ではアートの背景を知らなくても「大事な情報を、読者に伝える」ことができる能力は、すぐれて特殊な、雑誌にたずさわる人の力だと考えるようになっていった。ひとつのイメージが喚起するものを把握すること。そのイメージがほかのイメージとの連なりでどういう意味をもつかを認識すること。またつねに「読者の存在」を意識し、読者に届けるための記事を、全力でつくるのが彼らの仕事だった。

こうした体験を経て、雑誌というものは、読者ありきで始まっている世界であることを私は体験的に知っていった。イメージの選択と連結によって、いろいろなストーリーを語ることができるということ。その仕事は、紙に印刷される物としての雑誌を次々に編集していくことで定期的に物質化されていくし、物質として実体のある雑誌を世に生み出していく行為によって、広く影響力をもった。九〇年代はとくに雑誌の時代といえるが、二〇〇〇年代という紙の雑誌の最後ともいえる時代に、歴史ある雑誌の編集部に田村さんは在籍し「読者のために」写真を撮る行為に精を傾けていた。

「料理や手芸、工作などの手順を延々と撮影していました。そのときにプロセスを通して物事を見る手法をたたきこまれたし、手順を撮影する行為が染みついたのだと思います」「僕の写真はプロセスの説明であって、情報としての写真であり、写真家としての写真ではありません」。写真家としての自己表現ではなく、あくまで人に伝える情報としての写真。けれども他者のためにつくるもののほうが、最終的に強度をもつ、ということはないだろうか。

「雑誌」の本質は「読者ありき」であり、読み手という「人」から出発して、世界を構築していく。その分野で体験をつかんでからアーティストになった田村さんの作品からは、美術館において、ともすると疎外されがちな気がする「観客としての人」が「体験」するもの、という要素を前提につくられ、その要素が強調されているのではないだろうか。そのことが、『風が吹けば桶屋が儲かる』展の〈深い沼／Deep Marsh〉からうっすらと感じていた「違い」の正体であり、私が田村さんの仕事に強い興味を抱くようになったきっかけではないだろうか、と思った。

この〈深い沼／Deep Marsh〉の展示は、二つのフロアにそれぞれ別の作品として展示されていた。地上三階の展示室には、壁にテキストが貼られ、絵画がかけられていた。テキストは小説の一シーンのように読めるが、それらは美術館が収蔵する絵画のタイトルをつなぎあわせたものだったのだ。

深い沼／ Deep Marsh（2012）

田村友一郎《深い沼》　東京都現代美術館所蔵　作品リスト

すべて東京都現代美術館蔵

★＝企画展示室3階 展示作品
＊＝野外彫刻（パブリック・プラザ）
※＝「MOTコレクション」展にて展示

作家名	作品名	制作年	素材・技法	寸法（cm）縦	横	高さ
★ 池田遙郁	沼					
★ 長谷川利行	江東地区（荒川風景）	1960	岩彩／紙			
長谷川利行	隅田川	-	墨／紙	130.5 ×	89.5	
★ 山脇正司	海辺	-	水彩／紙	30.2 ×	39.2	
明剛	団地S	-	木	13.2 ×	19.5	
駒井哲郎	河岸	1974	アクリル／カンヴァス、写真パネル	114.0		
小林徳三郎	橋のたもと	1940	エッチング（単色）	162.0 ×	130.0	
★ 駒井哲郎	黄色い家	-	エッチング（単色）	16.4 ×	24.0	
★ 大津鎮雄	裏庭	1960	アクァチント	9.9 ×	12.4	
駒井哲郎	化石	1965	油彩／カンヴァス	21.0 ×	15.0	
池部鈞	雨あがり	1948	ソフトグランド・エッチング、ドライポイント	97.0 ×	145.5	
北川健次	午後	1956	油彩／カンヴァス	15.0 ×	5.5	
★ 田中実	N嬢	1975	エッチング、アクァチント（雁皮刷／単色）	91.5 ×	61.0	
船越桂	静かな向かい風	1970	水彩／紙	31.4 ×	31.9	
朝比奈文雄	永代橋	1988	彩色・木、大理石	130.3 ×	97.0	
松本竣介	運河 C	-	油彩／カンヴァス	84.5		
★ デイヴィッド・ホックニー	霧『ウェザー・シリーズ』	1942	鉛筆／紙	72.7 ×	90.9	
前田藤四郎	えらい人	1973	リトグラフ	43.0 ×	57.5	
池部鈞	スポーツマン	1976	木版、シルクスクリーン	94.0 ×	81.0	
鶴岡政男	眼鏡	1926	油彩／カンヴァス	46.0 ×	31.0	
池田満寿夫	撮影中『ロケーション・アンド・シーン』	1966	油彩／カンヴァス	117.0 ×	80.0	
一原有徳	F2	1970	リトグラフ	130.0 ×	161.5	
一原有徳	F8	1960	インタリオ（トタン板/HNO3/単色）	56.4 ×	76.5	
池部鈞	犬	1960	インタリオ（トタン板/HNO3/単色）	30.0 ×	47.8	
★ 長谷川義起	シェパード	-	水彩／紙	31.6 ×	51.4	
池田満寿夫	ランチタイムを一緒に	-	ブロンズ	37.5 ×	28.0	
川崎小虎	室内	1967	リトグラフ	20.0		
田淵安一	かくれんぼ	1960	岩彩／紙	76.5 ×	56.5	
田淵安一	春は地下から	1964	油彩／カンヴァス	104.0 ×	145.0	
浜田知明	カタコンベ	1977	油彩／カンヴァス	114.0 ×	146.0	
駒井哲郎	食卓 I	1966	エッチング、アクァチント	162.0 ×	114.0	
★ オーギュスト・ロダン	小さなスフィンクス	1959	アクァチント、エッチングドライポイント	34.6 ×	34.4	
高柳恵里	置物セット	-	ブロンズ	23.3 ×	18.5	
大岩オスカール幸男	ボトルシップ	2002	文庫本、絵はがき、レゴ、珊瑚	23.5 ×	15.2 ×	12.6
デイヴィッド・ホックニー	料理店主	1977	ミクストメディア	19.0 ×	19.0 ×	19.0
＊ リチャード・ディーコン	カタツムリのように B	1972	エッチング、アクァチント	15.0 ×	20.0 ×	10.0
デイヴィッド・ホックニー	煮え立つ鍋	1987	スチール、アルミニウム	45.0 ×	37.0	
アピチャッポン・ウィーラセタクン	エメラルド	1969	エッチング（黒）、アクァチント	488.0 ×	516.0 ×	473.0
杉全 直	ふたつの塊	2007	映像（DVD/11分、カラー）	17.5 ×	20.0	
堀越政寿	私の位置	1949	油彩／カンヴァス			
荒川修作	実際には；盲目の意思 VII	1976	油彩／カンヴァス	73.5 ×	91.0	
★ 三宅克己	相模湾	1982	エッチング、ソフトグランンド・エッチング、手彩色（一版を凹凸両版として二度刷）	182.5 ×	182.5	
池部鈞	太平洋のさめ［裏：洋舞］	-	水彩／紙	45.0 ×	[illegible]	
マーク・ボイル	表面と底面	1951	水彩／紙	35.0 ×	54.0	
※ デイヴィッド・ホックニー	少し傷んだ椅子	1977	彩色グラスファイバー	38.0 ×	27.5	
前田藤四郎	住めば都	1973	リトグラフ	183.0 ×	[illegible]	
池部鈞	銀座	1970	木版（一部凹版）	76.2 ×	[illegible]	
★ 木和村創爾郎	くらげ A	1958	油彩／カンヴァス	[illegible] ×	54.5	
黒田清輝	入江	1969	木版（空押）	91.0 ×	[illegible]	
		1913	油彩／板	41.8 ×	57.0	
				[illegible] ×	[illegible]	

「深い沼」

江東地区、隅田川河口付近の海辺に団地Sはある。その一角の河岸の橋のたもとに黄色い家が建っている。その家の裏庭から化石が発見されたというので、ある雨あがりの午後N嬢と調査に向かった。静かな向かい風のなか永代橋といくつかの運河を越え、現地にたどり着いた頃には、辺りに霧が立ちこめていたが、それらしき家はすぐにわかった。家主は見るからにえらい人といったスポーツマン風の男で体躯が大きく眼鏡をかけていた。撮影中、レンズの絞りをF2からF8へと絞ったその時、犬の鳴き声に気が付いた。紀州犬かと聞くとシェパードだと言い、ランチタイムを一緒にどうかと家主は私たちを室内へ招いた。廊下には俳句だろうか、「かくれんぼ　春は地下から　カタコンベ」と書かれた一枚の紙切れ。食卓には小さなスフィンクスの置物セットとボトルシップ。

台所では元料理店主だという男がひとりカタツムリのように立って支度をしていた。煮え立つ鍋にはエメラルド色のふたつの塊が入っているのが私の位置から確認できた。実際には、家主の故郷の近くの相模湾で捕れた太平洋のさめで表面と底面をこんがり焼いたものが供された。少し傷んだ椅子に腰掛ける家主は、こんな小さな家でも住めば都だと言い、食事の後、約束がある様子で足早に銀座方面へ出かけていった。目的の化石は、くらげの一種らしく、その昔ここが入江だったことを物語っていた。結局、黄色い家を出る頃には、時計は17時27分を指していた。遠く逃げる空には月に飛ぶ兎と、かすかなサイレンの音が聴こえた。

帰りの車のラジオからは「…北風と…中央気象台…左四つ…」という断続的な音。路上には夕方になっても飛べない蝙蝠と蟹がからみあいうずくまる。稲妻と鐘楼の対立と静止。鉄橋近くの薄暗い川口は引汐なのか地面がむき出しになっていて沼のように見えた。沼のほとりには二本の木が抵抗する。太古、この川が利根川の支流だった頃を忍ばせるその姿は、夜のプールの底を想わせた。駅に着く頃には、新しい星が白い陶器の蓋のようにぽっかり頭上に瞬いていた。

このグループ展では、田村さんの展示室以外では、写真や映像や大規模な彫刻など、現代アートらしい展示風景が展開されていた。展示作品が美術館の外に飛び出して、街のなかに展示のほとんどが見つかる、田中功起さんの作品もあった。それらのなかで、収蔵作品を多くもつその美術館に収蔵されている絵画作品や彫刻作品という、しごくまっとうともいえる素材を展示しながら、現代アート作品として、その構成の奥に秘められた意図を考えさせるこの構成は、田村さんの雑誌づくりにかかわった経験を反映した「編集する力」から生み出されたアイデアではないだろうか。その一見、しずかな作品のなかには過激さが内包されていた。

一方、もう一箇所の展示は地下三階の、普段は使われていない駐車場で展開されていた。発端は、田村さんが美術館のある深川地域のまつりに参加し、神輿を担いだりするうちに、地元に浅沼稲次郎という、かつてこの地域に住んでいた政治家の存在を知ったことだった。元社会党書記長で、一九六〇年に日比谷公会堂で演説中に右翼の青年によって刺殺された浅沼稲次郎は、美術館のすぐ近くにあった同潤会アパートに住んでいた。そこから「偽札をつくるようなテンションで」その人物のかつての住居の間取りを、美術館の地下駐車場内に再現するに至ったのだという。

地下の、普段は使われていない駐車場という、ひやりとした空気の場所を私がひとりで訪れると、展示鑑賞のための指示が示されていた。そこでは、口に白い紙片をくわえるという異例の演出があった。紙をくわえたまま、浅沼という表札のある、仮設の家の玄関を開け、廊下を歩いて室内に入り、茶の間のような部屋に身をおく。その家の周囲に出ると、小さなラジオが置かれ、それに耳を傾けながら歩き回ると、雑音の奥から物語が聞こえてくる。

――霧のなか、黄色い家の家主に招かれて室内に入る。廊下には、俳句が一句。

「かくれんぼ　春は地下から　カタコンベ」……――

深い沼／ Deep Marsh（2012）

記憶をたどると、そのような展示だったと思う。田村さんはその展示について、こう語った。

「東京都現代美術館は、かつては海に沈んでいた土地でした。そこを埋め立てて〝木場〟として、貯木場として使われたあとは公園として埋め立てられ、そこに美術館が建ったようです。なので、そういった土地の歴史に直にアクセスしたくて、幽霊が出る、という噂のあった地下の駐車場を、展示で使わせてもらいたいと、美術館の学芸員に交渉したんです。地下に行くということは、現実的にも比喩的にも過去へと遡ることであり、そういった過去や、それにまつわる死に出会うということなんじゃないかと思ったんです」

このとき、美術館内に、ある人物の住んだ過去の住宅の間取りを再現したように、外の空間や建物を、美術館の展示室内に再現する手法を、田村さんはその後もしばしばとっている。そうした制作は、観客が作品という舞台に入り込んでいくための、観客のための仕掛けをつくっているのではないだろうか。

また「観客としての人」が空間のなかにいて初めて、田村さんの作品空間は完成するのではないか、という感覚も私はもっている。のちに発表された、〈裏切りの海／Milky Bay〉（横浜美術館、二〇一六年）では、横浜のバーの内装を再現した展示空間に、たまたま私が居合わせたときに訪れていた観客に、いかにもハマの女たちといった風情の妙齢の女性たちがいたことで、その作品を体験することが、ぐっと現実味と強度を供えたものになっていた。

観客が自らの身をその場におきながら、音声を聴いたり、映像を観る。作品という場にいることから観客が得る「体験」の質に、つくり手が重きをおくということ。田村さんの作品をいくつか訪れるうちに、その姿勢に興味をもった。

それというのも、雑誌の世界では「読者」としての「人」があれだけ尊重されるのに、現代アートの世界では「観客」としての「人」に、雑誌の世界ほどには意識が払われていないのではないだろうか？　という疑問を、両者の間で仕事をしながら、私はずっともち続けていたからだ。そして、田村さんの作品づくりに例外的に見られる、観客を尊重する姿勢を嗅ぎとって、そこに共感したのだろうと思う。

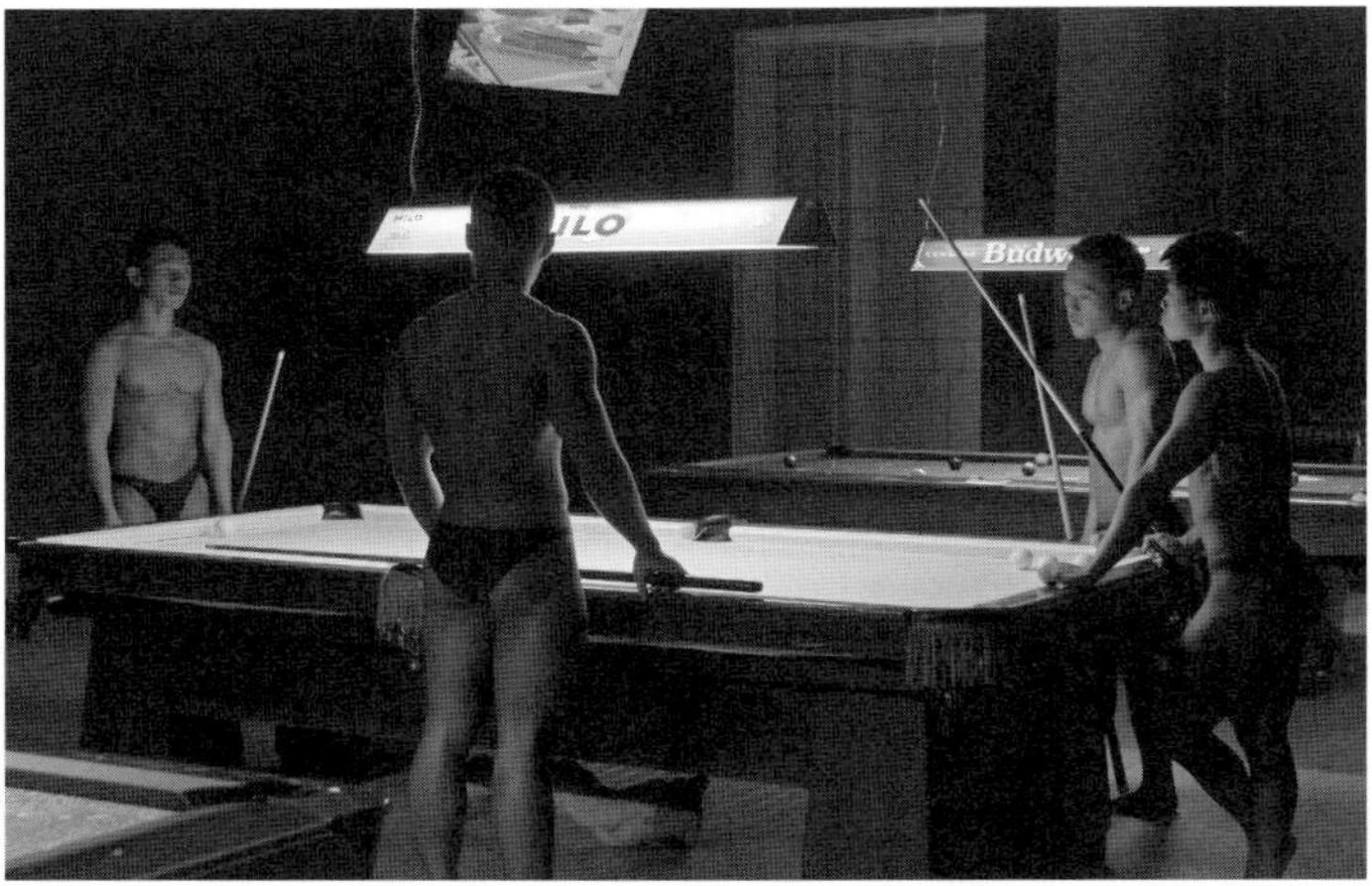

ボディビルディングをテーマにした映像インスタレーション作品。
パフォーマンス時には映像にも登場するボディビルダーたちが
インスタレーション空間に現れ、ビリヤードを実際にプレイした。
裏切りの海／Milky Bay（2016）

「過去の人物を取り上げるといっても、歴史的な物事を、厳密に再現したいということではないんです。ある種の編集がしたいんだと思います。あるのは断片で、それを僕がつなぐのですが、話として正確に完結させようというわけではない。見る人が物語を紡ぐことが、重要だと思っているんです」。だから、理路整然とした物語ではなく、「並べる」ことで、そこから醸し出される世界をつくっているのかもしれない、と田村さんは言った。

その取材のあと、田村さんはベルリンに留学し、その後、帰国してからは国内外のたくさんの展覧会で作品を発表していくのだが、日産アートアワード二〇一七での〈栄光と終焉、もしくはその終演／End Game〉を見たときも、〈深い沼／Deep Marsh〉で感じた「観客としての人に近い、人が尊重された作品がつくられている」という感覚はさらに、上書きされていった。

この展示のなかではピアノ、藤の花が描かれた襖、譜面台には藤の花のように音符が連なるバッハ「グロリア」の楽譜、ストーリーを映し出す字幕スクリーン、日産車グロリア（Gloria＝栄光）を背後から見た写真、スタントマンが断崖に車を走らせて最後に崖から落ちる映像、外国人の歌手が歌うミュージックビデオ、その歌手の転落事故を知らせる新聞記事、コリント様式の柱、ベルベットのカーテン、鋳物工場や車の修理工場の映像、などのように、あたかも連想ゲームのようにさまざまな事物や映像が観客の前に現れた。

これらが、ある目的意識のもと、理路整然と並べられたとは思えなかった。作者の仕掛けた連想ゲームを、観客も自由な想像のなかで遊ぶ、というようなインスタレーション。この会場をぐるぐる歩いて、目に入ったものを眺めているうちに、やはり元編集者で、イメージとイメージをつなげることに並外れた才能をもち、写真も撮る人として、私の旧友のエレン・フライスのことを思い浮かべていた。連結の妙。イメージはそれによって、効果的に何かを語る。視覚的に、あるいは物語的に。編集力にすぐれた人というのは、イメージを自在につなぐことができる。たとえ理屈が通っていなくても、イメージが連結によって物語る力をもつとき、逆に理屈を通すことや理路整然と整えることは、コミュニケーションの邪魔にすらなるのではないか？　とさえ思える。

栄光と終焉、もしくはその終演／ End Game（2017）

雑誌の裏方であったときは「読者へのサービス」を原動力に仕事し、アート作品のつくり手となってからは「観客へのサービス」を原動力とする。そのような原動力をもつアーティストは、なかなかお目にかかることができない。二〇〇二年から月刊ファッション誌のアート欄に、ほぼ毎月展覧会告知記事を書く仕事を二〇一五年まで続け、その記事になるべく作家の言葉を込めるために取材を重ねてきた私は、そう思う。

田村さんの作品にこの印象が通底していることについて、本人に尋ねてみると「僕自身が、アートの観客だったことが出発点にあるからだと思います」という答えが返ってきた。勝どきの豊海町という冷凍倉庫街のマンションに住みながら、「暮しの手帖」で働き始めた田村さんは、平日の仕事を終えて週末になると、美術館やギャラリーに通った。そこでアート作品に触れ、活力を得た経験をもとに、「あと一週間頑張ろう」と思う。そうした経験は、とても大切だと思っているし、そういうふうにアートに触れる人たちに向けて、自分は作品をつくっているのではないか、と田村さんは言った。

「昔は人類も、狩猟や戦争などで、『死』を体験することが日常的にあったはずです。今では映画やテレビが、『死』というものを摂取する役割を担っているのではないか、と思ったんです。たとえば主婦が午後二時からサスペンスドラマを見るというのも、『死』をオブラートに包んで、日常的に摂取していることに思えるんです。平日は仕事をしているような観客が、日曜日に美術館に足を運ぶ。そのときに、そのような『死』のようなものに触れる。ちょっとした『怖い』という感情でも、生きていくうえでの必要な摂取物なのではないか、と思っているんです」

広島市現代美術館で二〇一九年に開催された『美術館の七燈』という展覧会において田村さんは、著名な建築家が建てたことで知られる、美術館建築のロビーにあった公衆電話コーナーに着目した。スマホ時代の今はお役御免で、誰も使わなくなり、役目を終えてしまったけれど、一九八九年の開館当初には必要不可欠な場所だった、公衆電話コーナー。その特徴的なつくりに目を留めたのだ。そして、展覧会の主目的である、美術館の三〇周年を振り返るという行為を、開館当時のヒットソングの歌詞をつなげ、若い男女のメロドラマを想起させるような物語とし、展示室内に再現された公衆電話コーナーとともに展開した。恋人同士をつなぐ、電話回線。三〇年の歳月を経てプレミアの値がついた、人気歌手が印刷されたテレフォンカード。ある時代には必要とされて、その時代が終わると消えていったもの。その展示〈ずるい彼/His Serpentine〉に何を見出すかは、観客に委ねられていた。

若い男女の淡い恋も、ヒットソングも、さまざまな人になじみが深いものだ。田村さんの作品のなかではしばしば、そうした「身近」な存在に、思わぬ文脈で光があてられる。印刷工であったり、車の修理工など、小学生のころに見たNHKの教育番組を思い出すような映像が作品に組み込まれることも、しばしばある。またあるときはギリシアの彫像や、コリント様式の柱など美術の教科書に出てくるような題材が現れる。それらとともに、ヒットソングや働く人々の映像、MTVや自動車のCMなどが、編集によって巧妙につなげられていく。「映像とか映画を観たいと思うのは人の根源的な欲求のひとつで、生きていく

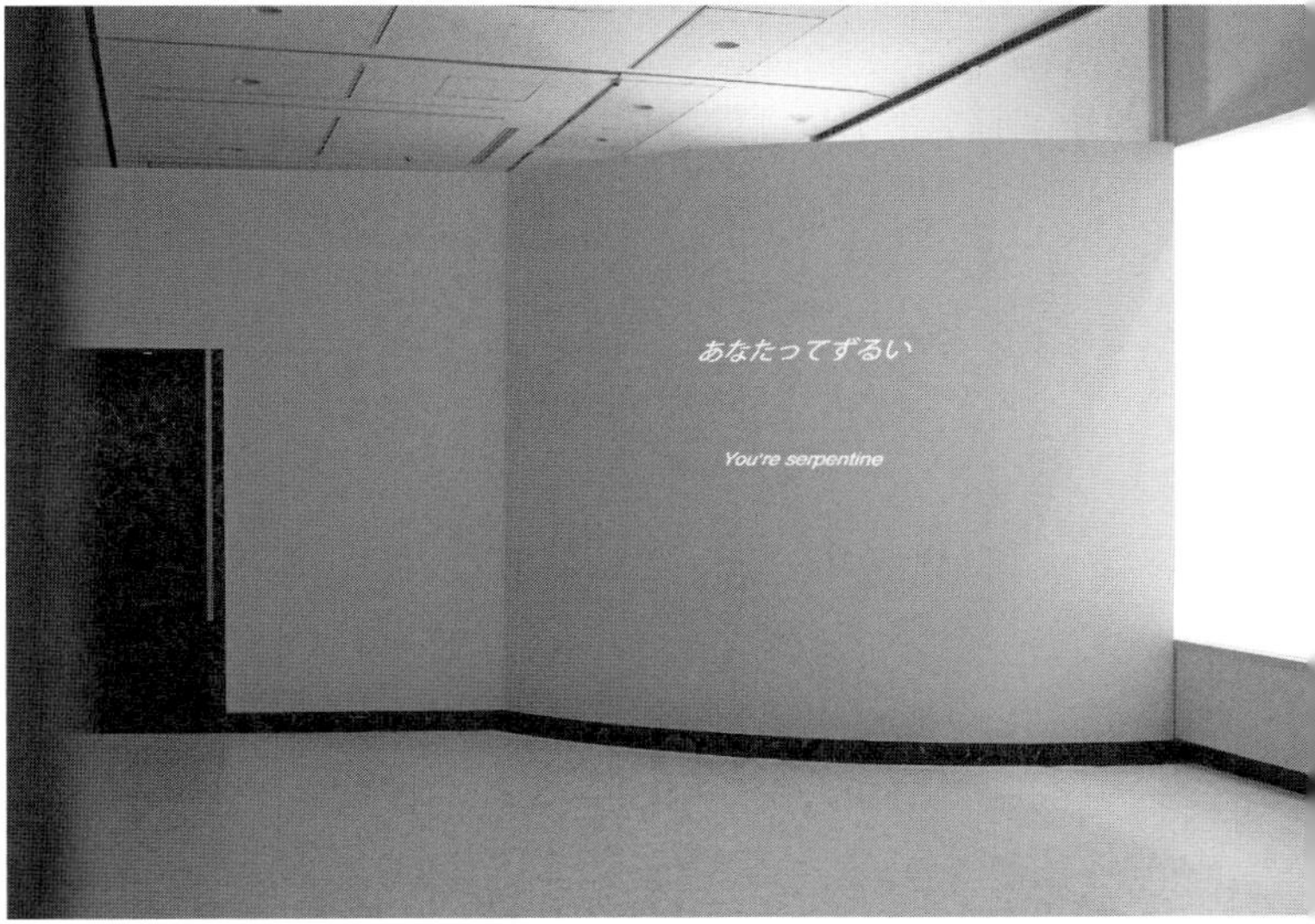

ずるい彼／ His Serpentine（2019）

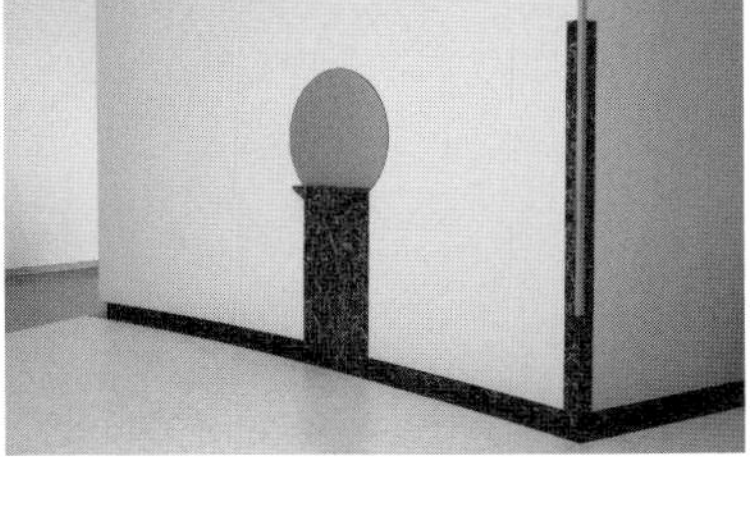

うえで摂取しなければならないもの」と定義する田村さんの作品には、「芸術とそれ以外」の区別や、「古典芸術と現代アート」の線引きのようなものが存在しないかのようだ。むしろそれらを、等しくまな板の上にあげていく。能楽や落語といった形式も、田村作品に頻繁に登場する要素である。現実世界では出会わないものたちが作品のなかで出会い、生き生きと輝き出す瞬間は、一度体験すると、やみつきになる魅力を放っている。

二〇一八年、青山のワタリウム美術館で、アメリカ人アーティスト、マイク・ケリーの回顧展が開催され、若い人が多数訪れて話題になった。当時、田村さんとそのことを話題にしたことを覚えていて、この本の取材で再度、そのときの思いを聞いてみた。

「いわゆる政治的なテーマがあるわけではなく、個人の神話のようなもの、一見わかりにくい個人の深い淵のような表現に、たくさんの人が見に来ているという現象に希望をもったんです。ああいう作品が機能しているということに、まだまだ希望がもてるなと思いました」

「最近は日常的な事物、大衆的な事象に興味があります。マイケル・ジャクソン〈MJ〉森美術館／二〇一九年）やマクドナルド〈Sky Eyes〉国立新美術館／二〇一九年）など。ポップな対象にも、深い淵のようなものが含まれていると思っています。深淵と対極にありそうなポップなものから、普遍性を見出す／引き出すということの試みを、最近は作品制作の主題として行っているフシがあります。マイク・ケリーに関しては、そういった作品を通して大衆的な事象に普遍性を見出している、もしくは露見させるようなことをしていると思っているんですが、それが大衆に受け入れられていた様子に希望を見たのかもしれません」

もうひとつ、田村さんの制作を貫いていることに「政治的なメッセージを強く発するような作品はつくらない。むしろ、神話や説話のような」という姿勢がある。そうした田村さんの特徴も、日本をベースにして二〇一〇年代の現代アートを観てきたなかでは、際立って私の興味をひいた要素だった。ユーモアと文学が一体になったような、遊びのある詩のような田村さんの作品群に。

あるとき、取材のなかで田村さんは、「『何をやっているんですか?』と聞か

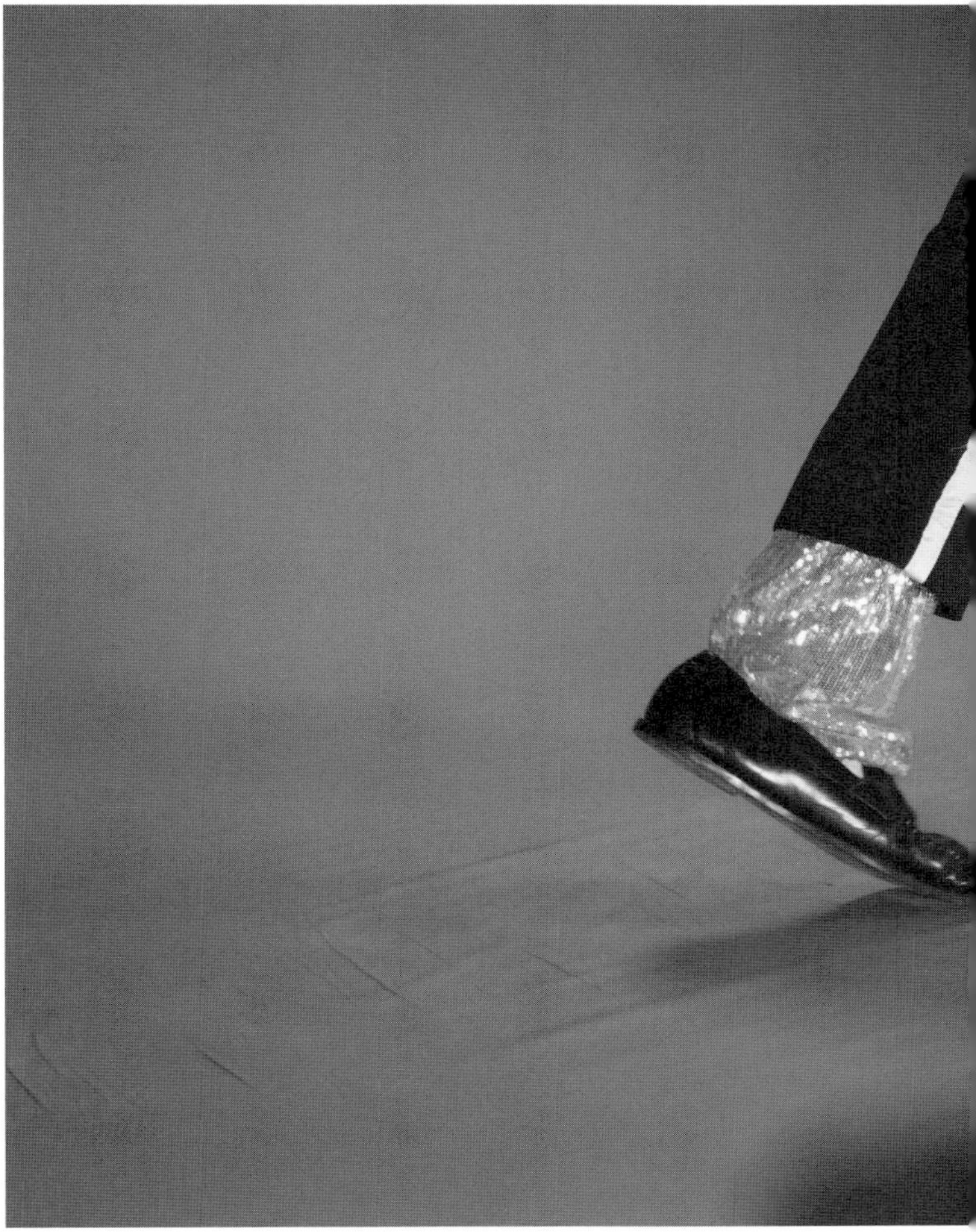

M J （2019）

れたら『サーカスみたいなものです』と言うのかもしれませんね」と言った。シリアスな、いかにも本当らしいものに真実が宿っているとはかぎらなくて、滑稽さや上辺のもの、嘘っぽいものに真実が宿ることもあるのではないか？世の中を見る視点が、あるときスルッとひっくり返ることの快感。作品でそういった瞬間を見せる田村さんは、人の心の近くに届く、物事の意外な切断面を見つける達人だ。その力には雑誌の世界での鍛錬、培ってきた編集的感覚を感じることができると思う。

一度編集という技術を身に付けた人は、その後の人生もずっと、編集をしながら生きることになる。何かと何か、人が共通項を見出さない事象をつなげ、意外な切断面をとりだして、それらをつないで見せる。私も二〇代で雑誌編集の技術を体得した人間で、ファッションデザイナーを取材しても、アーティストを取材しても、映画の試写に行っても、ふだんなら一緒にされることのない人や話題を出会わせることで、何かが言えた、と思うことがある。

そんな流れで、田村さんを二回、映画の劇場上映中に私が企画したトークイベントに招聘したことがある。一度目はソフィア・コッポラが南北戦争時代に題材をとった長編映画「ビガイルド」上映中に。二度目は失踪したマルタン・マルジェラのブランド創設者をめぐり、協働した人間たちを追いかけた「We Margiela, マルジェラと私たち」。ソフィア・コッポラはガーリーカルチャーの、マルタン・マルジェラもファッションの世界のなかに表象するものをもつ存在だ。そのイベントのあとにマイケル・ジャクソンをめぐる作品〈MJ〉をつくることになる田村さんの興味の傾向を、感じ取っていたのかもしれない。意外な切断面を見つけて話題をふくらませてくれる田村さんの編集の技量を、そういう場で見てみたかったのかもしれない。

トークイベントだけではなく、印刷物もつくったソフィア・コッポラのイベントを振り返ってみよう。ソフィア・コッポラが監督した映画「ビガイルド」が公開された二〇一八年冬、映画監督生活二〇周年を記念して、彼女のバックステージを撮り続けたアンドリュー・ダーハムという写真家による写真集を編集する仕事に、私は前年の秋に声をかけられていた。ガーリーカルチャーの象徴とされたソフィアの女性としての成熟が描かれた映画は興味深く、また監督

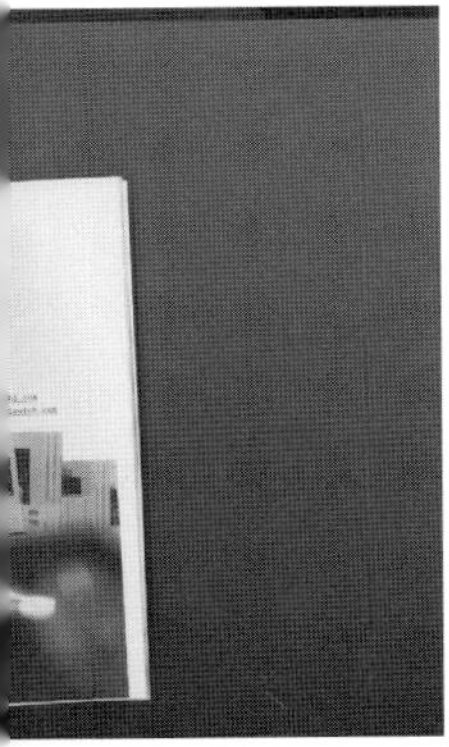

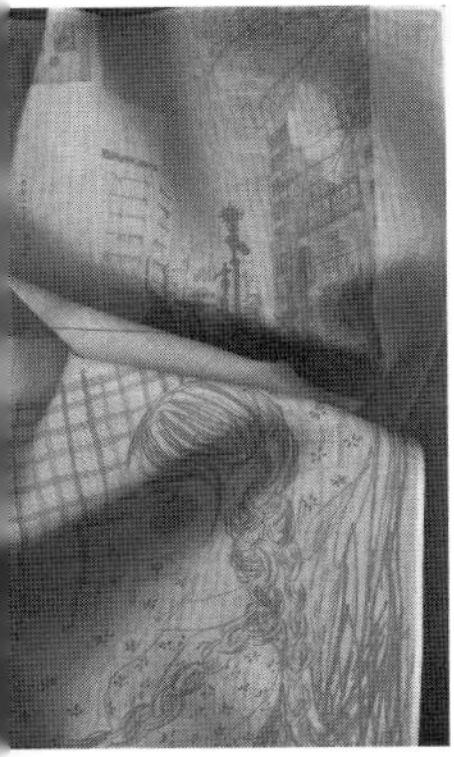

の力量も成長していることが見てとれた。オーディエンスにとっても、名声ある父親というよりむしろ彼女自身の知名度のほうが高まっていて、十代の二児の母親でもある今でも、二〇年前と変わらず、どこか力量のない存在として彼女を扱いがちな世間の風潮にたいして、異を唱えたい。そうしたイベントの趣旨を田村さんにもちかけると、共感し参加してもらえることになった。セットでハンカチと冊子《ジン》をつくるという作業をともなったトークイベントだったが、田村さんは映画に出てくるギリシアのイオニア様式の柱に着目し、ギリシア神殿の写真とテキスト「カリュアイの少女」を寄稿してくれた。この冊子には、当時の私と田村さんとの対話を印刷した。

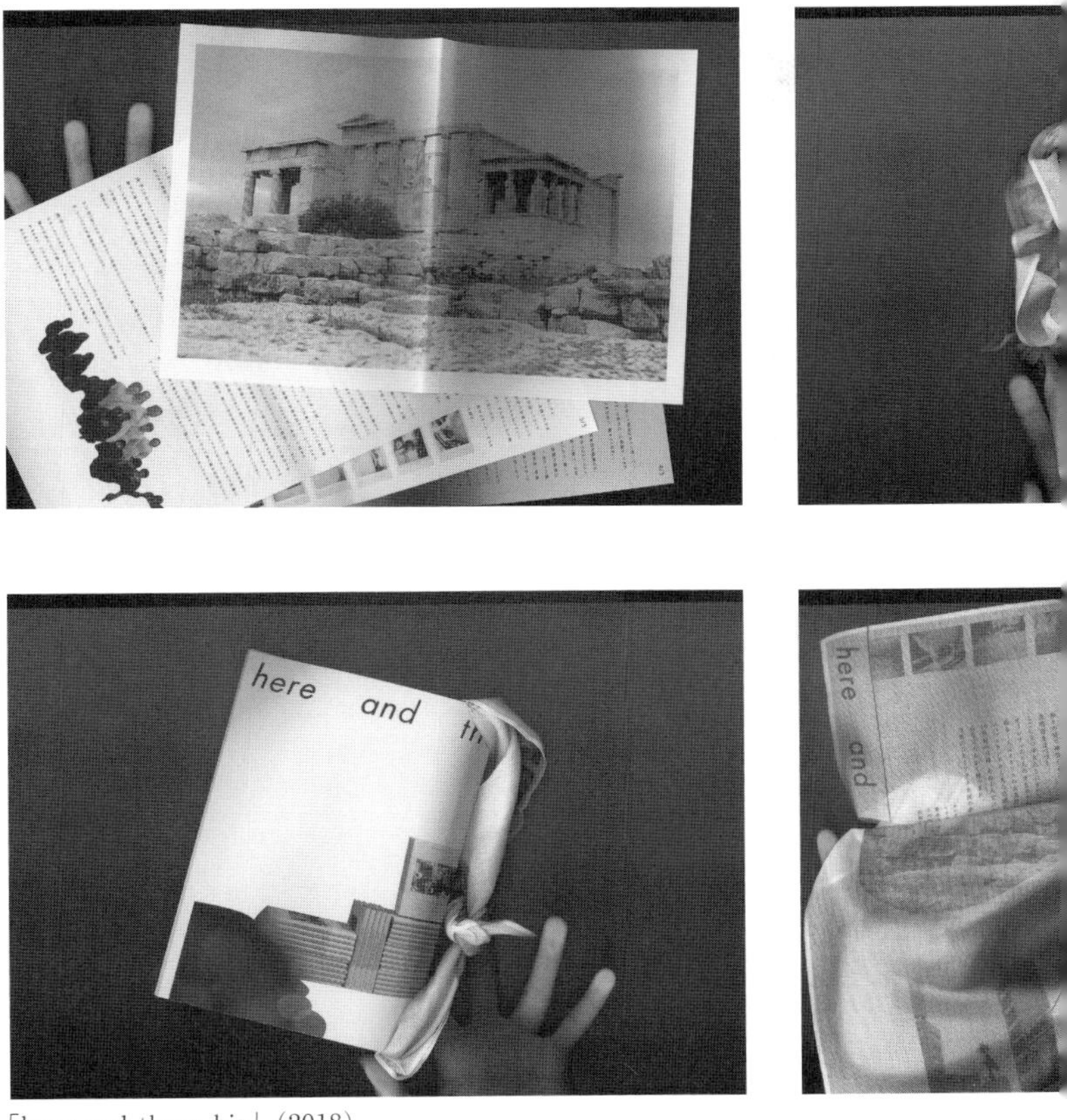

「here and there bis」(2018)

林　田村さんの作風とソフィアの映画は、つくり手が無意識の流れを面白がりながら作品をつくるところ、直感的な判断をよしとする側面において共通項があると思いますが、いかがでしょうか？

田村　ソフィア・コッポラのつくり方を知っているわけではないので、何とも言いかねる部分はありますが、そういった共通項があるように見られるというところ、心に留めておきます。

林　ソフィアは、自身のお菓子の嗜好（マカロンが好き）からマリー・アントワネットの長編映画をつくってしまうような飛躍があります。田村さんは展覧会で与えられた状況や課題に対してアプローチしていくつくり方だと解説されていますが、発想の飛躍という点では美術館の公用車グロリアとの遭遇から、二つの展覧会を実現してしまうように、やはり遠くまで飛翔する想像力を発揮されます。田村さんとしてはソフィアのどんなところに興味をもたれていますか？

田村　何かをつくることにおいて、自分の域を出るということは、なかなか起こりうることではないと思っています。マカロンからマリー・アントワネット、グロリアから二つの展覧会というところ、そのどちらも自分の域を出ていないようにも思いますし、むしろ自分へと向かっているようにも思えます。つまり外への飛翔ではなく、内へのダイブというようなものではないかと。質問にもどれば、ソフィアのどのようなところに興味があるかと問われれば、そういった内へのダイブを真摯にして精度高く行っている、もしくは行えている稀有な存在といったところでしょうか。

この本は、つくる行為の裏側に見つかる「生かされた時代への抵抗」や、「何かを変えたいという気持ち」を聞き出すことを目的として編纂された。田村さんにもそういったつくる理由をさぐろうとするのだが、一貫して返ってくる答えは「僕は自分のなかから何かつくろうとは思わない」「与えられた仕事をするだけ」「何かへの抵抗とか、変えたいというのはない」。田村さんの映像には、印刷工場や修理工場のように人が手を動かしている現場のプロセスがよく登場する。それを丁寧に拾う目線の奥には、きっと何かがあるはずだと思うが、なかなか決定的な言葉を田村さんから聞くことはできない。けれども、ソフィアをめぐる対話から、田村さんの興味深い視点に出会った。

林　ソフィア・コッポラの魅力、もしくは創造性について、どうとらえていますか?

田村　ソフィア・コッポラの魅力や創造性について何かを言えるほど、彼女の作品に触れてはいないのですが、先だって来日した彼女を間近で撮影する機会がありました。彼女の周りにはトーキョーの旧知の友人たちが駆け寄り、ひさしぶりの再会にハグしたりキスしたりと触れ合っていたはずなのですが、その対象となるソフィア・コッポラは、なんとも空虚な、触れられないもののように感じました。ただそれは透明ではなく、色のついた、ちょうどホログラムのように僕には映りました。

触れることのできない中心。幽霊のような実態のない存在を、ソフィア・コッポラのなかに田村さんは見つけた。「色のついたホログラムのよう」な。それはセレブリティという存在の、ひとつの確固とした切断面ではないだろうか。

ソフィア・コッポラはスナップショット写真を長編映画のインスピレーションとして扱い、自身で書く脚本は、短い文章の集積だと私の取材で明かしてきた。今では監督のような立場から、多数のスタッフを雇って作品をつくりあげていく田村さんも、脚本を自ら執筆することが仕事の中核にある。この二人、ソフィア・コッポラにも田村さんにも共通している世界を断片的にとらえる姿勢は、強引に起承転結をつけて語ろうとするジャーナリズムや、簡単に結論づける世の中の風潮に抗うものであるとはいえないだろうか。

編集された世の中に生きるのではなく、自分で世界を編集しながら生きること。それは世界を自らの視点で見つめることであり、意外なものを別なものに

結びつけることによって、より豊かな姿を世界が見せてくる瞬間をつくること
にもなるのだろう。

「おかしみ」を味わう場をつくるため

L PACK.

L PACK.（えるぱっく）
一九八四年生まれの、小田桐奨と中嶋哲矢によるユニット。アート、デザイン、建築、民藝などの領域を横断しながら、最小限の道具と現地の素材を臨機応変に組み合わせた「コーヒーのある風景」を通じて、カフェや社交場、日用品店など人々の日常に地続きの場や空間を各地で展開する。

小田桐奨《おだぎりすすむ》さんと中嶋哲矢《なかじまてつや》さんの二人がL PACK.を結成したのは大学在学中の二〇〇七年だった。L PACK.は、形のある「作品」をつくらない。アーティストという肩書きを掲げないまま、いつもアートやアーティストたちの近くにいて、複数のプロジェクトを同時進行で走らせている彼らは何を考え、何をつくるのだろうか？

「静岡文化芸術大学空間造形学科卒。アート、デザイン、建築、民藝などの思考や技術を横断しながら、最小限の道具と現地の素材を臨機応変に組み合わせた『コーヒーのある風景』をきっかけに、まちの要素の一部となることを目指す」と、彼らのウェブサイトの略歴には記されている。Twitterにはもっと簡潔に「『コーヒーのある風景』をテーマに、アート、デザイン、建築、民芸などを横断しながら活動している」とある。私が二〇一五年に彼らを初めて取材したときのメモには「場をつくる」と記されていた。「バックパックにつめた道具をさまざまな場所で開封し、『コーヒーのある風景』をつくりだす」とも。

「コーヒーのある風景」と何度も繰り返されているから、あきらかに「コーヒー」は重要な要素であるようだ。しかしなぜ「コーヒーのある風景」なのか。彼らに聞いたことがある。その理由は「人が集まるから」。では「もしその活動にコーヒーがなければ、L PACK.のつくる場は成立しないのだろうか?」と尋ねると、「そういうわけではない」と言う。

「L PACK. の活動の根本を、『コーヒーがある風景をつくる』としています。コーヒーがある風景とは、『そこに人がいていい』と、人がそこにいることを許された場をつくることだと思っています。コーヒーは、人間しか飲まない飲み物だからです」

小田桐さんと中嶋さんは大学時代に、お互いに、遊んで楽しいなという相手として出会っていた。卒業制作の時期になると、課題として与えられた「架空の設定で架空の建物を考える」という前提がまったくリアルじゃないと感じて、強い反発をおぼえたという。そして彼ら二人は大学在学中にL PACK. を結成した。

「大学のなかで使われていない場所を一〇日間だけ、人の集まる場所にする」という、形のない卒業制作作品を、大学のエントランス周辺につくったのだ。

「大学の入り口の守衛さんの部屋の向かいに、ロビーと喫煙スペースがありました。けれど誰も使っていなかったんです。大学の入り口なのだから、人がたまる賑やかな風景をつくりたい、と思いました」。そこで、ベンチの場所を移動させ、同級生たちが卒業前に捨てていく家具を集め、座ってコーヒーを飲める空間をつくった。スターバックスでバイトしながら、コーヒーについて知識を深めていった。

彼らの活動の基礎になったのは、卒業制作課題への反発心だった。たしかに経済の発展とともに、あちらこちらであたらしい建物は建ってきたけれど、一方で、人間が疎外される現象が起こっていた。彼らの学んだあたらしい大学の校舎では、ロビーにも人が集えるような空気はなかった。そもそも誰のための大学で、何のためのロビーなのか。自分たちが集って、語り合い、交流し、知恵を交換したり考えを発展させる、出会いと成長のための場ではなかったか？　あたらしい建物を建てるより、自分たちにとって快適な場所がほしい。

「人間が、そこにいていいという風景をつくること。それをきっかけに、起こる現象をすべて受け入れよう、というのがL PACK.のすべてのプロジェクトに共通する姿勢なんです」

彼らがコーヒーを淹れ、販売している場面には、取材前にも何度か遭遇していた。厨房に入っているときもあったと思う。横浜トリエンナーレの関連施設で。TOKYO ART BOOK FAIRで。あるいはアートブックやジンを取り扱うブックショップ、ユトレヒトで。あきらかに接客業にはそれほど向いていないように見えるが、真摯に仕事している男性二人の存在には、「謎だな」と思わされたけれど、彼らの真意を聞けば、彼らがさまざまな場所でコーヒーを淹れ続けることも、情熱に値するプロジェクトだと納得がいく。

「場をつくる」彼らの活動初期には、そのスペースが都心より自由になる空間の多い、郊外や地方で展開されたものが多かった。L PACK.が手がけた最初の作品〈竜宮美術旅館〉は、二〇一〇年から二〇一二年にかけて横浜市黄金町で使われなくなった旅館の建物を改装した、カフェのある展覧会スペースだった。「竜宮」「美術」「旅館」という三つの言葉を組み合わせた理由は、言葉の結合によりあたらしいイメージをつくることが狙いであり、実際にその場が宿泊可能な旅館だったわけではなかった。「あたらしい、よくわからないスペースをつくり、その場所が何だったのかを、一年半の活動期間をかけて検証する試みだったんです」、と二人は振り返る。
活動初期に横浜美術館と黄金町で作品発表や制作を行っていた同世代のアーティスト、志村信裕さんとも交流が始まっており、その後黄金町にアトリエと住まいを借りた志村さんは〈竜宮美術旅館〉の風呂場に映像作品を設置し、入浴することのできる美術作品を制作した。建物は二〇一二年に取り壊され、現存はしない。

二〇一三年に三ヶ月、彼らが名古屋で開いた『NAKAYOSI』というプロジェクトでは、あいちトリエンナーレという国際的な芸術祭の開催期間に、訪れた人や参加作家が立ち寄ることのできるカフェ兼バー〈VISITOR CENTER AND STAND CAFE〉をつくった。もう一名のアーティスト青田真也さんを迎えて展開したそのプロジェクトの日々の記録写真は、毎日Facebookで公開されていった。タグ付け機能を活用したことで、友人の作家たちの輪から次第に拡がっていき、奈良美智さんや坂本龍一さんなどの高名な作家たちが写真に収まり、最後には店からあふれるほどの賑やかな来客集団と三人の記念写真になって、その期間限定の場は終わった（その後も二〇一六年にはポップアップイベントとして名前を変えて同じメンバーで活動を重ねた）。

L PACK.は結成以来、あいちトリエンナーレ、横浜トリエンナーレをはじめとして地方の芸術祭に呼ばれる機会が多く、彼らがキャリアを築いてくるうえで地方との縁は大きかった。改めて、現代アートと地域の関係を振り返ってみたい。

一九九〇年に水戸芸術館、一九九二年に瀬戸内海の直島にベネッセハウスミュージアムができてから、世界の最先端の現代アートが東京や大阪などの都市を経ることなく地方の街に降り立つことが、次第に増えていった。すこし間をおいて二〇〇三年に山口情報芸術センターＹＣＡＭ、二〇〇四年に金沢21世紀美術館が開館。現代アートの拠点は、中国地方や北陸にも誕生し、大都市という縛りから離れて、その土地の日常とアートやアーティストが隣接する機会が増えていった。

二〇〇〇年以降はそれまで日本にはなかった大規模芸術祭が増えていく。大地の芸術祭越後妻有アートトリエンナーレ（二〇〇〇年〜）や、横浜トリエンナーレ（二〇〇一年〜）。あいちトリエンナーレ（二〇一〇年〜）。それらは多数の人とのかかわりのなかで成長していきながら、とくに震災後の二〇一〇年代の日本では飛躍的に、地方都市を舞台にした芸術祭が急増した。都会ではない場所に降り立った芸術祭には、誰が何をしに来るのだろうか？　誰のための、何のためのアートなのか？　そもそもアートの本質は何か？　アートは本当に、私たちの暮らしにとって身近なものになりうるのだろうか？

それは終わりのない問いのようであるが、「そこにつくる人間がいて、彼らがこの時代に生きている」ということに着目し、その彼らの活動や経験をつなげていくことで、画廊やアートマーケットのためではない、私たちにとってのアートのありようについて、それが人にどんな作用をもたらすべきものなのかを、考えることができるのではないか。

二〇一五年、私が初めてL PACK.を取材した場所は、埼玉県北本市の

〈きたもとアトリエハウス〉（二〇一二～二〇一七年）だった。これは『アワー・アトリエ・ハウス・プロジェクツ』として、横浜に家庭をもつL PACK.の二人が埼玉まで通いながら運営した場所であり、自分たちや周囲の人々が「好きに」使ってくれたら、という思いから動かしていた場であった。

埼玉県の北本駅から車で一〇分ほどの住宅街の真ん中にある、富裕な民家を活用した庭や蔵のある一軒家。そこをアトリエハウスと呼び、ランチを提供するカフェスペースとして、また時折イベントやワークショップを行うフリースペースとして活用していた。アーティストの狩野哲郎さんは国内外の展覧会の合間に〈きたもとアトリエハウス〉に滞在し、自らのアトリエのようにその場で、植物や木の枝、石などを用いて制作を行うこともしばしばあったという。地元の埼玉の人、L PACK.を知っていて県外から訪れるキュレーター、アーティストの友人たち。いろいろな人たちが交わり、対話が生まれることもある場所。ここも、現存はしない。

場所があることで、活動が生まれる。空間があることで、作品が生まれる。

見たこともないその「場や空間」は、何かをゼロから建設するのではなく、既存のものを活用することでつくることができるのではないか？　一九八四年に生まれ、バブル崩壊後の日本で育ち、美術大学で建築を学んだ二人が二〇〇七年に始めたL PACK.の着眼点をそこに見るとき、同じころに東京では自分のギャラリー空間をもたないギャラリストが活躍していたし、フードを用いたケータリング業が定着し始めていた。「形のある作品ではなく、時間や空気感や内面をつくりたいんです」とL PACK.は言う。

「形ある作品をつくらない」、ということがL PACK.の二人の強い意志であるのはなぜだろうか？　彼らはつくる場にある「気持ちのよさ」を重要視している。それは、五感で味わう体験だ。「自ら体験したことはごまかしようがない」と思うから、その感覚主義はたしかな指針だよな、と共感を抱く。けれどもその反面、横浜から埼玉への通勤など自分たちの生活に相当の無理を強いてでも、プロジェクトを貫徹しようとする意志がなぜそれほど強固なのか、その情熱を不思議に思いもする。そう伝えると彼らは「ニコスのおじさん」の話をしてくれた。
「僕らが通っていた大学の近くの川沿いに、ニコスというレストランがありました。古い工場の跡地を自分でデザインし、リノベーションして老夫婦がやっている店でした。ひとりの人が、店のデザインやDIYから料理まで、すべてやってしまう。そこでごはんを食べてコーヒーを飲みながらおじさんの今までの人生の話を聞く二、三時間が、当時のどんな大学の授業より面白かったんです。大学では『デザインはデザイン』と分かれていたから、これって何だろう？　と衝撃でした」

それから十年以上がすぎて、二人はさまざまな現実と直面した。それぞれ結婚して父親になり、子育て真最中の時間をすごしている。保育園に子どもを送る生活のなかで、二〇一八年春は、黄金町時代の仲間と三人で、自宅にほど近い横浜の郊外に、味噌や洗剤を量り売りする日用品の店、ＳＳＳをオープンさせた。取り扱うものが日用品だから、一瞬、主婦で育児中の三〇代の女性が始めた店なのかと思うかもしれないが、そうではない。このＳＳＳは二〇二一年春時点で不定期開店で経営されている。
行く先ざきで、その土地で身近にあるものを利用する。それもL PACK.の活動を貫く姿勢のひとつだ。卒業制作にも見られたようにときにはリサイクルもして、サステイナブルに場をつくろうとするこのような制作への姿勢は、「社会彫刻」とみなすこともできるのではないか？　あたらしい時代の、あたらしいかたちの彫刻として。

二〇一八年春、L PACK.が結成直後から関わってきた長野県松本市の『工芸の五月』へ取材に訪れた。全国のクラフトフェアのなかでもトップの集客力を誇る「クラフトフェアまつもと」の期間中、そもそも民藝運動のさかんな松本市内の活性化につなげようと、二〇〇七年から各所で開催されている企画展が『工芸の五月』だ。ここで彼らは「栞日《しおりび》」というカフェを会場に、十年間の試みを振り返るトークイベントを行ったのだ。山をのぞみ、街の至るところで水が湧いている、ゴールデンウィークの松本市で。結成から十二年間、おもに地方の芸術祭を主戦場としてきた彼らの活動歴のなかでも、現代アートという枠におさまりきらないL PACK.の領域拡張ぶりがもっとも俯瞰できるのが、このプロジェクトになる。

この年、『工芸の五月』でのL PACK.の参加は、この地とL PACK.のかかわりを象徴的に示す〈池上喫水社〉という作品だった。これは池上邸という、この地方の名士の家の、今は使われていない蔵を活用した展示だ。

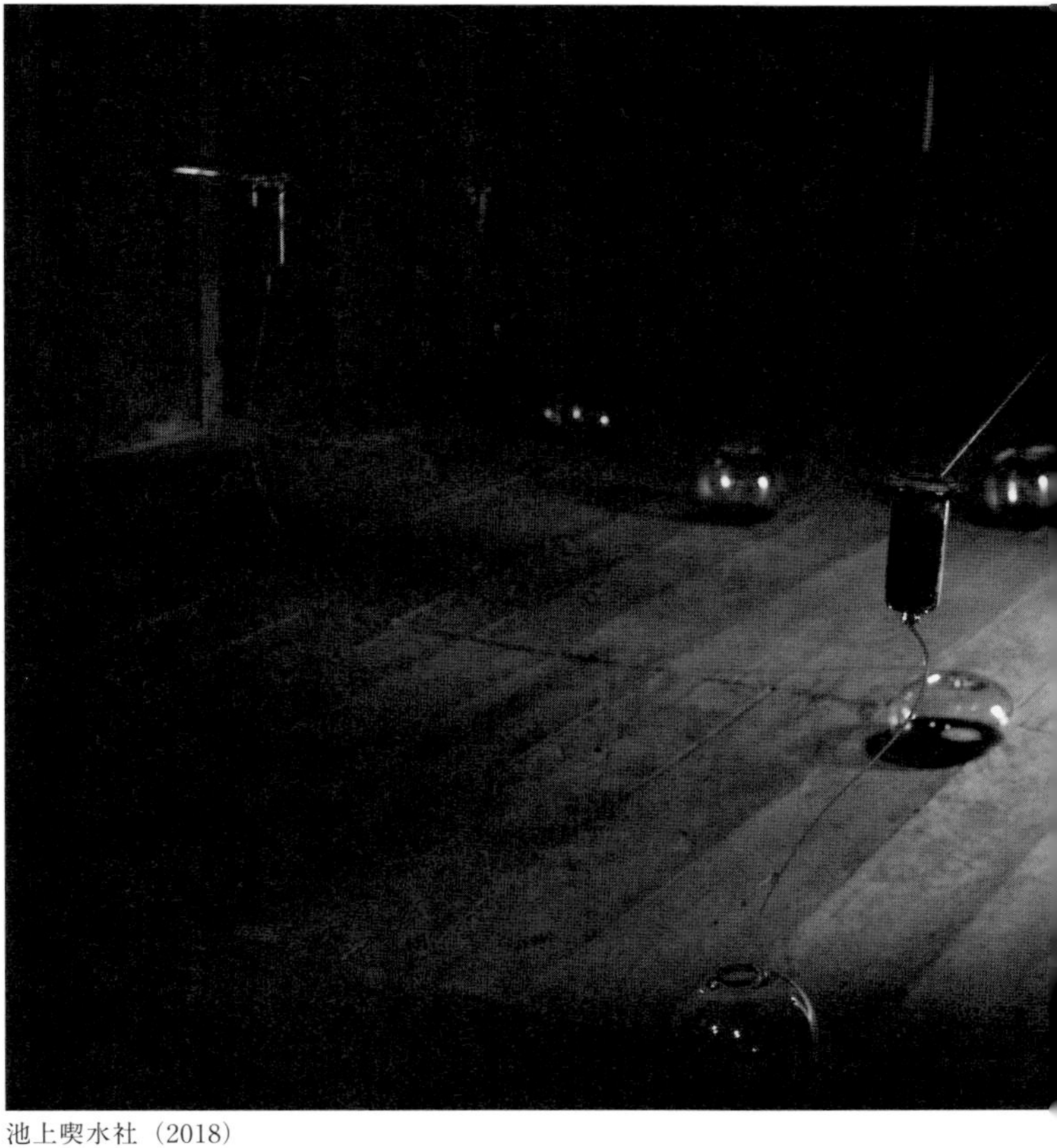
池上喫水社（2018）

トークの翌朝、開場前の時間に池上邸へ行ってみると、大家の池上さんがL PACK.の中嶋さんに、庭で咲いたスズランを手渡していた。作品の置かれている蔵や、観客が腰をかけてL PACK.の淹れるコーヒーを飲むテーブルに、大家さんの手向ける花が活けられていく。鑑賞者は蔵の作品を見たあと、コーヒーやスイーツを味わって帰るのだが、庭にはこんこんと水が湧いている池があり、L PACK.の二人はこの井戸の水を使って、鑑賞者たちが使用した食器を洗う。L PACK.は「これは見て、聞いて、味わってもらうまでの作品です」と説明する。

毎日、早朝に市内にあるさまざまな井戸でL PACK.が汲んできた清冽な水を、ガラスの管から器に、高所からポタリポタリと垂らし、薄暗い蔵のなかで、水だしコーヒーを抽出する。コーヒーの芳香が、木造の間に染みわたる。ガラスの長く細い管をゆっくり移動する水の動きと、静寂のなかに響く、かすかな水の音。誰かが以前使っていた空間を変容させて、壮大なガラスの装置を通し、普段注視することのない、動く水、滴る水の姿や音を鑑賞する。期間限定で連休時期に開催される〈池上喫水社〉はもはやこの時期、松本の池上邸に出現する名物になりつつある。時間を忘れて「作品」に見入る気持ちのよさが共有され、人づてに拡がっているのだ。

池上喫水社（2018）

このプロジェクトは、L PACK. 結成の翌年、二〇〇八年に声がかかったもので、以後彼らがかかさずかかわってきたものだ。二〇二〇年はコロナ禍で、母体となる松本での『工芸の五月』も、また「クラフトフェア」自体も開催されず、参加を逸したのではあるが。

松本市の市政一〇〇年事業として、二〇〇七年に始まった『工芸の五月』は、江戸時代に城下町として繁栄し、その後も柳宗悦の民藝運動の拠点のひとつとして、松本家具などの木工や染織などの制作地として独特の文化を誇る松本の、工芸のありかたを再考するイベントとして生まれた。毎年五月に開催される既存の「クラフトフェアまつもと」では、外部からたくさんの人が訪れるのに、イベントに集中して街に立ち寄らずに帰ってしまう現状を何とかしたい、という想いから生まれたという。

事業化された『工芸の五月』に携わる人のひとり、リサーチャーの一ノ瀬彩さんは日本一湧水が豊かという松本市の特徴に目をむけ、「街のなかを歩くと、水の音がする」という湧水のあふれる街の魅力を再発見するイベントを企画した。一ノ瀬さんは「みずみずしい日常」と銘打って、「小さなスケールで風景を創造していこう」という試みのもと、街中にあふれる井戸のリサーチや「水ののみくらべ」を企画していた。そのなかで、「現代的に水と向き合う時間をつくれないか」というテーマをもって、大学時代の同級生から評判を耳にした、結成直後のL PACK.と、新進ガラス作家の田中恭子さんにコンタクトをとった。「水と向き合う時間や、ゆっくりすごす時間をつくりたい」という目的意識のもと、三者が話し合っていくうちに、「喫茶ではなく、喫水」という言葉や、地元の名士である池上さんのお宅の話がもちあがったという。〈池上喫水社〉の「人のお家の水を使わせてもらう」というコンセプトが、このときから徐々に生まれていた。

この取材で松本市を初めて訪れた私は、一ノ瀬さんが湧水に注目した理由を強く実感することができた。街中を歩いているとさまざまな場所に井戸があり、水がこんこんと湧いていて、街中のそこここに水汲み場がある。道路の横には水路があり、それは排水路ではなく透き通った湧水の道であることにも驚いた。

結成初期のL PACK.はそこから、コーヒーも、水で抽出することができないだろうか？　という試みに体当たりで挑戦することになる。

田中さんに、ガラスで細い管をつくってもらって、L PACK.が水出しコーヒーをつくる。文章では一行でおさまるけれど、それは大実験だった。WiFi環境やスマホが普及する前のことだったから、図書館や喫茶店に足をはこび、水出しコーヒーについてリサーチを深めた。田中さんの作品の細いガラス管ができあがり、水を上からドリップさせてみるも、一時間でどのくらい水が落ちるのかがわからない。地道に実験を重ね、何年かトライアンドエラーを経て、今の装置の形ができあがった。

中嶋さんは振り返る。「流れている水ではなくて、一滴ずつ落ちる水に意識を向ける、ということから始まりました。毎朝、市内の湧水を汲んできて、それを池上さんの蔵に設置したガラスの装置に溜めて、水出しコーヒーをつくっていく。繰り返しだけど、一瞬一瞬が同じじゃない。淡々と、素直な気持ちでやっているると、その時々の気づきが生まれました。毎年同じことを繰り返しているようだけど、新陳代謝があってつねに、あたらしいんです」

池上喫水社（2018）

中嶋さんは松本という街が楽しくて、通っているうちに一〇年がすぎていったという。毎年松本に通ううちに、民藝に興味が出てきた。「柳宗悦さんの発見メソッドは、世界をもっと楽しくする秘訣ではないか、と思うようになっていったんです」。『工芸の五月』には、〈池上喫水社〉以外の作品で参加することもあった。たとえば、民藝の再考をテーマに、全国各地の民藝館の館長あてに「民藝とは何ですか?」を問う手紙を出し、その返事を待つ、というプロジェクト、〈現在民藝館〉で参加した年もある。

とはいえ、『工芸の五月』とL PACK.とのかかわりのなかで、主軸となったプロジェクトはやはり〈池上喫水社〉であったといえる。各地にある芸術祭、ビエンナーレやトリエンナーレのように、その期間だけの非日常としてのアートイベントではなく、「日常と地続き」のことができないか。そうした意識で、「水とむきあう」「ゆっくりとした時間をつくる」というテーマにむけて、ガラス工芸作家、地域の活性化を目ざすコーディネーター、『工芸の五月』の運営母体とL PACK.が手を結んだことで生まれた、アートと生活のあたらしい融合。

それが〈池上喫水社〉だった。

L PACK.の結成当初から現在まで、松本市『工芸の五月』との連携企画を通して、彼らの活動の本質的な部分が形成されていったのはたしかだろう。「美術作品、コーヒー、クラフトや工芸、米や農作物。そのどれもが、毎日使う品で、日用品と定義できるのではないだろうか？　肌にふれるもの、口に入るもの、目で見るもの、目で使うもの。分断して見ていけば、美術の世界も工芸の世界も、それぞれに問題を抱えている。どうやって人に見てもらうのか、どうやって人に買ってもらうのか、あるいは、どうやって美術館に人に来てもらうのか。そうしたことは、それらをぜんぶ、日用品として再定義すれば、解決に近づくのではないだろうか？　と考えたんです」

〈池上喫水社〉は、アートのもつ「空間、時間、目に見えない空気感」を形にしているといえるプロジェクトだ。だからもちろん、L PACK.も「大袈裟な機械でつくる水出しコーヒー屋になりたいわけじゃないんです」というスタンスで取り組んでいる。

一〇年間を振り返るトークが行われた翌日、「〈池上喫水社〉の変遷を振り返ると、一番変わったのは大家さん自身なんです」とL PACK.は語った。家という、個人のプライベートな領域であり、通常であれば外と交わることは決してない空間を舞台に、その一部を外に向けて開き、展示を据えて客を迎えるという大胆さが、この企画にはある。ふだんは家族もあまり使用しない池の井戸で、L PACK.の二人が毎日皿洗いをする行為も、企画の一部。今は普通になったこの風景が、普通になるまでの経緯を、頭のなかで想像してみた。

家の一部を貸してほしいと頼まれて、大家さんはその話を受けたものの、最初は会場を区切る衝立を立てていたという。地域の名家である大家さんにしてみたら、お屋敷の一部を会場に貸し出すということ自体が大英断のはずだ。そして、思いもよらない自宅の活用方法を提案されて、不安にならないわけがないと思う。おそらくそんな理由から、衝立てが登場したのだろう。けれども一〇年間の交流を経て、今では大家さんも垣根なく、毎朝花を活けてL PACK.の仕掛けを楽しんでいる。彼らの人間性に触れるうちに、アートというよく知らない世界に生きる彼らへの信頼が生まれたのだ。「ここが、僕らにとっての現場であり、戦場なんです」と言う彼らを見ていると、「おかしみ」という言葉が浮かんできた。「L PACK. って、おかしみがありますよね」と彼らに伝えると、三人の間に、ふわっとした笑みが浮かんだ。

彼らのプロジェクトにはいつも、一貫して「おかしみ」と「うまみ」があふれている。作品のほとんどに喫茶や飲食がからんでいることから、「うまみ」については説明はいらないだろう。彼らの提供するものは確実に「うまい（美味しい）」。それは体験すればわかる。同時に彼らのつくる場は「おかしい」。そのおかしさの行方について長考したくなるほど、そしていつまでも味わっていたいと思うほど、「面白い」のだ。

L PACK. がつくる場にあるのはひっそりと味わいたい「おかしみ」であって、集団的に共有する「笑い」ではない。「笑い」の追求は笑わせた人の数を志向するが、「おかしみ」は個人的に感受する味わいであるから、必ずしも大人数であることを前提としない。一〇〇人のなかでたった二人しか味わえない感覚だったとしても、深く伝わればそれで構わないのだ。「おかしみ」は「うまみ」同様、数や正しさが追求されない、個人的な味わいの体験だから。

「コーヒー」以外にも、L PACK.のプロジェクトには「朝ご飯」や「おでん」を提供する場づくりがある。そのような身近なもの、とくに飲食という誰でも参加可能な行為を入り口に、行方知れずの場へ連れて行くL PACK.と、連れて行かれる観客との共犯関係について、考えてみる。観客はつねに、L PACK.の仕掛けた場に対し、「この場はどこに向かっているんだろう?」という問いや、期待を抱きながら参加する。通常、私たちに提供される場、たとえばカフェ、喫茶店、図書館、学校などはそれぞれがはっきりとした目的をもつ場であり、そこで自分が「どう参加するか」を、あえて意識する必要はない。

カフェや喫茶店では、ある一定の時間を飲み物とともにすごす。多くの人は人と話したり、ひとりであればスマホを見たり、本やノートパソコンに向かったりもする。隣の人を観察したり、ごくまれに会話を交わしたりすることもあるかもしれないが、それ以上に予想外のことが起こることはないだろう。

L PACK. のつくり出す場に参加するのは、このような場に行くのとは異なる体験である。参加者はL PACK. により、自分がその場に参加する目的がすこし、あるいは結構ズラされることを、必ず承知のうえで臨む。その心構えができているばかりか、楽しみにしてさえいる。いったい今度は、何が、どれだけズラされているのか？　そのズレを「おかしみ」として、ひとりひとりが個人的に「味わう」ことに醍醐味がある。「なるほど、そういうことだったのか」という解釈が、参加者に生まれる瞬間。そこには、既成概念の書き換えが、少なからず含まれている。彼らがこれほどまで真摯に、いろいろな人やものやエネルギーを総動員して面白い場をつくりあげている理由は、そうして彼らが、現代アートの世界に関わっている理由は、そこにあるのではないだろうか。

青森県で生まれ育った小田桐さんは、手先が器用。専業主婦で一日中休むことなく台所で料理をしていた母親を子どものころから見ていたから、自分も当たり前のこととして、小さいころから料理をしてきたという。L PACK. の提供するおいしいものは、料理上手の小田桐さんが提供元になっていることが多い。

コーヒー豆の焙煎をおもに担当している静岡県生まれの中嶋さんは、子ども時代に「情報屋」として、学校関連のゴシップを集めてきては五〇円や一〇〇円で販売していたという。L PACK. の活動を言語化して人に届ける工夫はおもに、中嶋さんが担当している。

最近、二〇〇〇年代に活躍を始めたアーティストたちの共通項を考える機会があった。ふっと浮かんできたフレーズは「Your life is a battleground.」だった。一九八九年に、現代美術作家のバーバラ・クルーガーは作品のなかで「Your body is a battleground.」というステイトメントを出したのであるが。グローバリゼーションにより、私たちの暮らしをとりまくさまざまな問題のるつぼになり、地域格差や賃金格差に直面している時代において、暮らしの場こそが人類にとって、最前線の戦場なのではないか。

生活に身をおき、既存の場を手近にある「もの」(=武器)によって変えていくこと。その場にいる自分が、手近にあるもので、できることをすること。それが何よりもL PACK. の「いま生かされている時代」に対する批評的な行為になっているのではないだろうか。

そう問いかけてみたら小田桐さんは言った。「先代の建築家が建てた建物が、すでにたくさんあるなかで、僕らは建築を学んできました。各地の美術館建築などを観ると、名建築と言われる建物に横暴さがあるというか、使う側の立場にたっていないことが多い。そうした状況に抵抗して、もっと使う人の身になった建築を求め、すでにある建物の改修や転用ということに興味をもつようになったのかもしれません。僕らの世代以降を見ていくと、これまでつくられてきた建物をどう使うかということに意識をおいた建築家も出てきている、と思います」

時代によって、社会という器は形を変える。今から六〇年前の一九六〇年代に青春をすごした私の父の世代はモーレツサラリーマンと言われた。二〇一〇年ごろからブラック企業という言葉が世間に普及した。働く主体による仕事への過剰な没頭から、働く場からの過剰な労働の要求へ。そのような時代変化のなかで、「よりよく生きる」ことが、男性にとっても、社会にとっても「よりよく暮らす」ことへと変わってきたのではないだろうか。

L PACK.と話していても、過去の日本人男性の生き方に抵抗する意識のようなものを感じることは少ない。けれども、L PACK.が影響されたと名前をあげたニコスのおじさんや、ユトレヒト創設者の江口宏志さんといった人々は、おそらく彼らの上の世代の男たちの仕事ぶりに抵抗する形で、自らの「暮らしが仕事、仕事が暮らし」というスタイルを築き上げたのではないかと思う。そうした生き方は、多数派では決してなかっただろう。けれども、L PACK.をはじめとする後続世代に、仕事のために暮らしを犠牲にはせず、暮らしを楽しみながら生きる仕事ぶりは、強く影響を与えた。

「日本で暮らすアーティストの生活を押し上げるというか、世の中に普通に存在していて、収入面で不自由なく、活動も生活もできるようにしていきたい、と思っています。何かに抵抗しているとすれば、『常識』や『普通』とみんなが呼ぶものですね」

「何かに対してアンチというスタンスをとっている感覚があまりないのは、L PACK.をひとつの理想像としてつくりあげていて、その過程をみんなに見せている感覚だからかもしれません」

「L PACK.がいることでどのように状況を変えられたか、変わるのか、変わらないのか。そのことを実感できる瞬間に立ち会ったときはうれしさを感じますが、またすぐに、次の変化できることへと関心がうつっていくんです」

二〇一九年二月には、L PACK.が横浜の郊外でいとなむ日用品のセレクトショップ、SSSの一周年パーティーが開催された。『NAKAYOSI』のプロジェクトのとき同様に、けして交通の便が良いわけではないその場所に、ものすごい数の人が集まったという。何か達成感のようなものはあったのかを聞くと、そっけなく「ずっと皿を洗ってました」という現実的な言葉が返ってきた。

たしかに、L PACK.を見かけるとき、いつも彼らは忙しそうで、声をかけるタイミングに戸惑うほどだ。すたれてしまった日用品市場の空間を見つけてSSSという場所をつくり出した彼らは、そこを「セレクトショップ」と名づけた。

セレクトしたものをコレクトする、選んだものを集める作業をしながらも、そこにはそれが選ばれる文脈を見つめるL PACK.の冷静な視点がある。たとえば、器に凝ったり、民藝にはまっている彼らと同世代のアーティストの選んだ日用品が、L PACK.の経営する店SSSで販売されることがある。けれどもL PACK.自体は、〈現在民藝館〉で民藝の正体を問うたように、そうした流れにたいして、ちょっと距離をおいたところから、視線をなげかけているように見える。伝統的な表現の形を、それ自体で完全な美として愛でようとするのではなく、たとえ形が不完全なものであっても、その文脈や余白を含めて愛でようとする、というような。

彼らのもとにある客観的なまなざし、批評的なスタンスが、私たちにとって「L PACK.のおかしみが存分に効いた、おでんのダシ汁」のように現れる。ダシは複数の味が交わることで、味わいが深まる。さまざまな同世代作家は、おでんの具かもしれない。彼らと交わりながらL PACK.がつくる場によって、私たちはダシのよく効いたアートのうまみを、二重三重に味わい、楽しむことができるのだ。

何かを「味わう」瞬間、人は主体的に世界とかかわっている。作品を解読するのではなく、作品を味わう。あらゆるものが情報化された時代に、私たちはアート作品を解読する批評家になるのではなく、むしろ味わう人になりたいと、心の底で思ってはいないだろうか。

「ごちそうさまでした」という言葉をかけたくなる「アーティスト」が出現した。そのことにこそ、おかしみはつきない、と味わい深く思う。

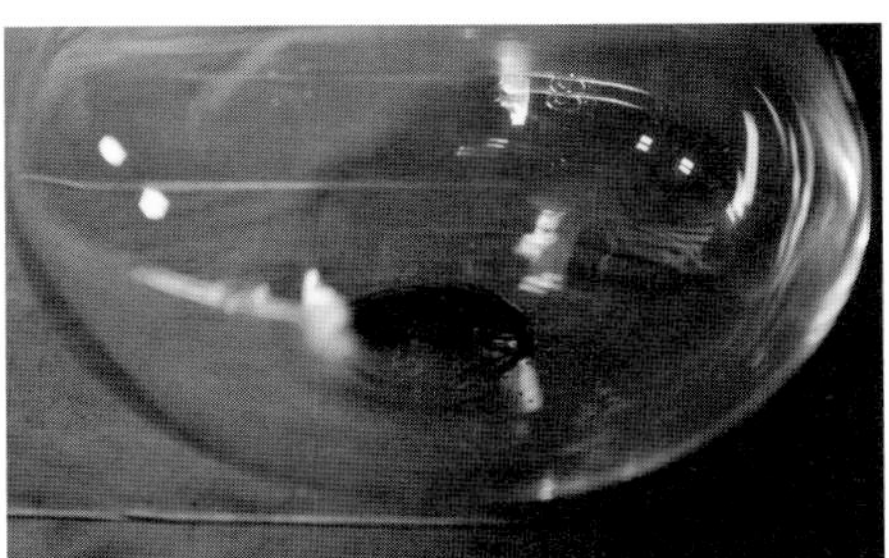
池上喫水社（2018）

第四章

価値を問う

アート作品にふれ、アーティストの言葉を聞くことに、
なぜ価値をおくのか？
ここ二〇年来の私の最大の関心事は、
その問いに集約されるだろうと思う。
この本を書く作業を通して整理し、理解したこと。
それは、アーティストは作品を通し、
ものの価値を再定義して、
私たちにあたらしい視点を差し出す、ということ。
そして現在という地点にとどまらず、
歴史の地層にダイブして、
真に価値のあるものをつかみ取って差し出す、ということだ。
私たちのもちうる真のラグジュアリーとは、彼らとともに思考し、
歩き回り、問うことの自由にあるのではないだろうか。

世界をコラージュする方法

金氏徹平

金氏徹平（かねうじてっぺい）
一九七八年生まれ。日常の事物を収集し、コラージュ的手法を用いて作品を制作。彫刻、絵画、映像、写真、パフォーマンスなど表現形態は多岐にわたり、一貫して物質とイメージ、個人と世界の関係を顕在化する造形システムの考案を探求。

京都在住の新進作家として、一九七八年生まれの金氏徹平さんの展示が東京で紹介され始めたのは二〇〇〇年代半ばごろ。二〇〇九年、三〇歳という若さで開催した横浜美術館での個展『溶け出す都市、空白の森』やその前年に開催された二〇〇八年トーキョーワンダーサイト（現トーキョーアーツアンドスペース）の『Ghost in The City Lights』展で見た、溶け出す化粧品のコラージュ〈Sea and Pus〉や、シールの枠をつないだ〈Ghost Building〉、フィギュアの頭の部分だけを合体させてモンスターのような姿になった〈Teenage Fan Club〉などは、今もその作品を見たときの驚きや展示の様子を思い出すことができる。多くの展覧会を見てきたけれど、このように記憶に深く残る展示との出会いはまれである。

二〇一〇年の冬、馬喰町のαMで見た展示（『変成態　リアルな現代の物質性 vol.6 金氏徹平』）について、「美術手帖」に展評「モノが突然音を響かせる瞬間」を書いた。

「三歳くらいの子どもを見ていると、ガラクタがオモチャに変わる瞬間があることに気づく。プラスチックのフタが目の前に転がっていたとして、赤と青だけだと見向きもしないのに、そこに黄色のフタが混ざって三色揃うと、突然オモチャにして遊び出す、というように」

「子どもは遊びのなかで、日常から非日常にはいっていく瞬間を目ざとく見つけてしまう。色の反復と配置の妙が、非日常にはいるキーポイントになるようだが、金氏もまた、モノたちが突然音を響かせる瞬間を熟知している」

αMの会場の中央には、二〇〇一年にロンドンの大学院へ留学していたころの金氏さんが、雪に覆われた景色を見たときに着想を得たという代表作、〈白地図〉が置かれていた。金氏さんの作家活動の出発点になったこの作品は、洗濯バサミやマジックなどの日用品を、あるリズムのもとに繰り返し並べ、そこに白い粉をかけた作品だ。それを見たときに、たくさんの物の色や形など、視覚から入ってくる情報が自分の体内で統合されるときに、まるで音楽の演奏を体感しているような感覚に陥った。九〇年代の終わりに私がよく聞いていたボアダムスの演奏が聞こえてくるような気がした、と金氏さんに伝えると、その感想を喜んでくれたようだった。

彫刻をつくる場所に行き、現地のホームセンターなどで買い集めたたくさんの日用品を、積木のように積み上げた作品が、金氏さんの代表的な彫刻作品のひとつにある。そうした、カラフルなプラスチックのガムテープやヘアカーラー、

白地図（2009）

サングラスといった金氏さんが「素材」とする物は、従来はまともな彫刻の素材とみなされていない物だった。「本物の素材を使いなさい」と、先生によく注意されていたという。「面白い形の木とか上等な石とか、前提として彫刻の素材とされる物については美大で一通り習って、扱ってきました。でも僕は、日常生活と作品が行き来するようにしたいと思って、もっとその辺にある物を素材として使いたい、と考えるようになったんです」。私より一世代下の金氏さんに共感ができることの多い理由のひとつは、日常見る「物」から作品を考える、というところが大きい。

金氏さんによれば、物は集める場所によって、微妙な違いがあるそうだ。ホームセンターや東急ハンズは金氏さんがよく素材を入手する場所だが、たとえば東京と京都では、売られている物を比べても、ちょっとずつ違う。展覧会でよく呼ばれる中国では、中古の物はまったく手に入らず新品ばかりが露店に並ぶが、どこに行っても手に入る物は同じ物ばかり。万国共通と思われがちなIKEAであっても、その国におけるIKEAの位置付けが、国ごとに微妙に異なっていたりするから、世界中で同じ物が手に入るというわけでは決してないという。その違いの感覚は、店頭で買い物するだけでは得られない気づきだ。

「買っているときにはまだ気づかないのですが、作品ができあがり、大量の物が集積されたところを見て、初めて気がつくんです。だからどこの国で展示をしても、ひとつひとつが違って、全部あたらしくて、そのたびに面白いんです」。

金氏さんからそんな話を聞いてから海外旅行に出かけたときは、旅先で、日本では見かけない形のペットボトルがとても新鮮に見えた。その形を眺めているだけでも、まるで、その国の言葉で話しかけられているような気がしたものだ。

「興味はいろいろですが、物ありきでやっています。こういう物をつくろう、というのから始めるのではなく、物を見ていて思いつくことをやるんです」。

「物」にひかれ、「物」から考えるという視点は、この本に登場する作家の多くに共有されている視点ではないかと思う。たとえば志村信裕さんやL PACK.、PUGMENTというように。金氏さん以下の世代の作家たちに私が強い興味をもつ理由も、「物」という共通言語を作品世界に取り込んでいて、そこに身近さを覚えるからではないか、としばしば考えている。

無印良品の誕生は、一九八〇年。ダイソーの百円ショップ常設店舗が初めて登場したのが、一九九一年。巷に物があふれる時代に育った彼らが抱く物への強い感情や、その物の発する言語に耳を傾ける感覚は、その世代としてはとても正直で、素直な反応なのではないだろうか。

「ひとつの物のなかには、歴史的なアイデアや工夫、必然性が含まれている。それを考えれば、どんな物でも面白いんです」。「積み上げやすい物とか、骨のように見える物とか。僕の彫刻は、あるルール、条件に当てはまる物をさがすところから、作品づくりが始まります。そのルールにしたがってたくさんの新品を買い集めるのですが、たとえ同じ物を集めたとしても、それをつくる国によってサイズも色も全然違う。たくさん物が集まって作品ができたときに、その国らしさが見えてくるから、飽きることがなくて面白いんです」

たしかに、昨年から英国に拠点を移した私にとって、日々の生活のなかでもっとも気になることのひとつは物のサイズである。ティッシュを買いに行くと、店でよく見かけるのは、日本のティッシュを人間サイズとしたら、イギリスのティッシュは、巨人サイズだ。ティッシュがこんなに大きくて、どこの何を拭くのだろう？　と疑問に思うが、翻ってペーパーナプキンが日常に溶け込んでいる国でもあることから、日本のティッシュの大きさだと、英国ではナプキンと区別がつかないのかもしれないな？　などと考えるのである。食事中にペーパーナプキンを使うかどうか、それはその国の食文化に密接に関係しているはずだろうと思う。金氏さんの言う「その国らしさ」は、たとえばこんな気づきのようなことかもしれない。

一九九〇年代半ばにライターとして署名原稿を書き始めた私は、金氏さんがイギリスに留学して代表作に開眼された二〇〇一年の終わりごろに、「here and there」という個人雑誌をつくり始めていた。創刊号のころ、とくに頻繁に取り上げていた作家に、スーザン・チャンチオロという人がいた。イタリア系アメリカ人の彼女は、建築や絵や服づくりに興味があり、キャリアの始点の一九九五年から二〇〇〇年までは、自身のブランド「RUNコレクション」のファッションデザイナーとして活躍していた。現在はアートシーンで彼女の仕事が評価され、美大のファッション学科で教育に従事しながらも、アーティストとして絵や服を含むインスタレーション作品を発表しつづけている。金氏さんとの間では、私が長年取材しつづけてきたスーザンが、よく話題にのぼる存在だ。

二〇一八年の夏、金氏さんに協力いただいて、「here and there」vol.13の刊行記念イベントを大阪で行った。そのときの会場だった千鳥文化には、金氏さんの彫刻作品が常設で展示されている部屋があった。そこで二日間のイベント期間中、私は自分がコレクションしているスーザン・チャンチオロの服や絵をもち込んだ。イベントの直前に金氏さんが、自身の作品の部屋に、それらの位置を指示して展示してくれていた。

スーザンの服は、しっかり縫い付けるのではなく安全ピンで留めるだけという、

「here and there のにわ」(2018) イベント中の展示風景

ほつれる寸前の仮留めのような構造をとることが多い。スケールは大きくても、物同士を固定させたわけではなく積み重ねただけの、仮留めの構造でつくる金氏さんの彫刻作品とスーザンの服づくりに、たしかに共通項は多い。またそれだけではなく、速度も二人の共通項といえるだろう。手縫いを多用するスーザンが制作するときの、思考のスピードに遅れまいとするかのような、針の動きの速度と、多作な金氏さんが、制作にのぞむときの速度。「速さは重視しています。時間がかかる作品も、速さのつみ重ね。自分のつくりたいものは、一瞬の積み重ねじゃないとダメ、という感じがあるんです。速いということで、抜け落ちない大事なものがあると思う」

仮留めと、速度。あとから考えると「なんでこんな形ができたんだろう?」と思うもののほうが、面白いものができる。だから、じっくりやっても良いことはないと思っている、と金氏さんは言う。積み重ねられた日用品の上から樹脂がつらら状に滴る〈White Discharge〉シリーズも、ぎりぎりのバランスで成立している「仮の状態」の彫刻なのだ。しっかりと固定しながらつくるのでは、かっちりしすぎて、つくりたいものから離れてしまうという。

私はスーザン・チャンチオロという作家に、彼女が「RUNコレクション」を精力的に展開していた一九九〇年代後半に出会った。彼女は自分の制作姿勢を、言語化するより前に、とにかく「つくる」本能に追い立てられるようにして、日々駆け抜けている人だった。当時スーザンはファッションの世界にいて、新作発表の時期にあたる春と秋の年二回、そのたびに絵を描き、服をつくり、手づくりの出版物をつくり、たくさんの作家を招き、発表の場所では食べ物や飲み物で人々もてなし、多くの観客を招いた。それもほとんど、手づくりで。

「なぜ、服をつくるだけではなくて、そこまで多彩な活動をするのだろうか?」ということは、そのエネルギッシュな活動にあっけにとられつつ熱中して追いかけてきた私も、思わないではいられなかった。それはたとえ本人であっても、説明できることではないのだろうが、「既存のファッションのありかたに抵抗すること」をせずにはそこにいられない、というような、切羽詰まった姿勢が見えた。

そして、デビュー以来多産で多忙な作家として知られる金氏さんも同じように、切実に、既存の枠組みに抵抗をしながら駆け抜けてきたのではないだろうか。金氏さんが選んだジャンルはアートのなかでも「彫刻」であり、そこは頑

2010·2011 世乒赛供应商
DHS

White Discharge（建物のように積み上げたもの / 北京）（2013）

丈なもの、重く大きいものが良しとされるマッチョな世界だった。「その雰囲気に息苦しさを感じ、そこを抜け出そう、リアリティを見つけよう、日常生活との接点を見つけよう、としてきました」

あらためて金氏さんに制作のなかの速度や仮留めの感覚について話を聞いていると、金氏さんの作品や制作は、スーザン・チャンチオロと同時期に私が興味をもっていた別の分野、ガーリーカルチャーにおけるソフィア・コッポラやヒロミックスの撮影活動とも共通項を見出せることに気がつく。スナップショット写真のように、瞬間を素早く定着させることへの興味。頑丈なものからのがれて、身軽になることで初めて捕まえることができる物事の本質と、その魅力に従うこと。その、制作にかんする本質的な部分で、金氏さんとガーリーカルチャーの旗手たちは、共通項が多分にあったといえる（その意味では、スーザン自身も、ガーリーカルチャーという括りに入ってくるはずだ）。

「美術の歴史のなかで、彫刻の概念は崩壊し、拡がりました。絵画より自由度が高く、それぞれの作家が何でも『これが彫刻だ』と主張できる時代なのです。

ヨーゼフ・ボイスの提唱した社会彫刻の登場から、さらにそれは加速しました。僕自身は、何かを素材として見るところから、『彫刻が生まれる』と思っています。そもそも粘土でも石でも木でも、それはそれとして、存在していますね。それらを素材として見たときに、『彫刻が生まれる』んです。対象に投げかける視点によって、『彫刻が生まれる』といえます」

「すべての『物』や『こと』が別の何かの素材であるる可能性があるということで、部分と全体、完成と未完成の状態は、視点によって入れ替わり続けるということでもあります」

すでにある物が、見方によって、彫刻になる。だから、現代において彫刻とは、つくる物というよりは、見ることなのだ。金氏さんというアーティストが、事物を素材として見るとき、その「視点」は自由で、いろいろな立場をとりうる。その制作行為は、私たちに「見る自由」「視点をもつ自由」、つまりは「考えることの自由」を伝えてくれる。

「彫刻作品をつくるときに僕のしていることは、現実世界のシステムの内側に入っていって、それに全然違う視点を与えることによって、内側から脱臼させるようなイメージです。いろんな物に、視点を与えることによって、現実のシステムから切り取ってしまう。するとそこに、ほかの物と接続するチャンスが生まれるんです。その『切断』さえしてしまえば、そのものを自由に別な物と接続させることができ、あたらしい可能性が拡がるんです」

金氏さんの説明はこういうことではないだろうか。身の回りから気になる物や素敵だと思う、あるいは面白いと思う「素材」を見つけ、それを今あるところから切り離して、別なところに置いてみる。それだけで、まったく違う見え方になる。「素材」としてそのものを見る、ということは、その対象に、どんな「視点」を与えるか、どんな「価値」を見つけるか、ということ。そこにより、意識的になって身の回りを見つめるということなのではないだろうか？　だとしたら、その「彫刻をつくる」という行為は、「価値をつくる」行為でもあり、また自分もよく行っている「編集」の行為と似ているな、と思った。

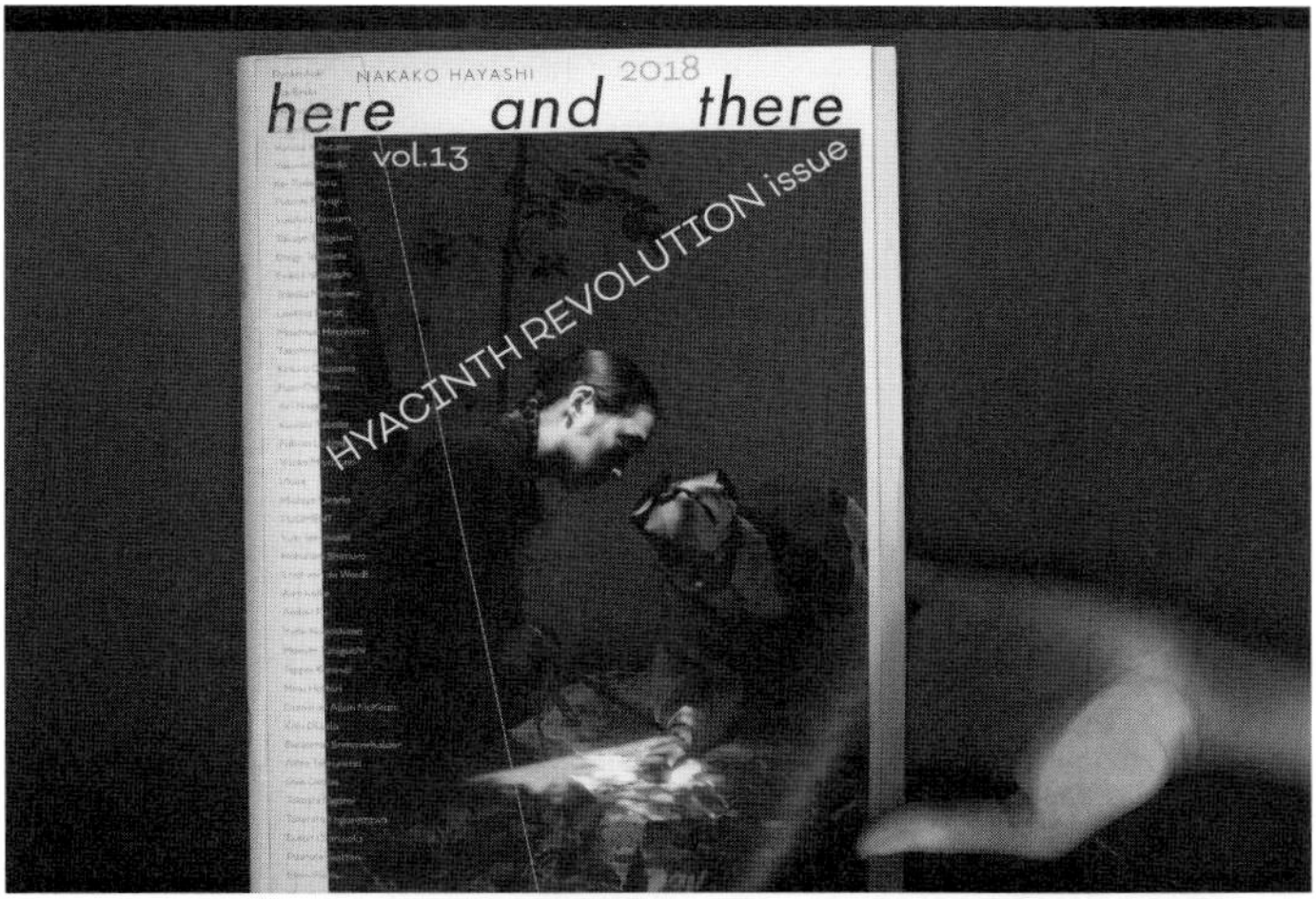

「here and there」vol.13（2018）

私がつくる個人雑誌「here and there」では、毎号何か生活のなかから、そのとき必然的に生まれたテーマを軸に、考えをまとめる。自分が興味のある人や物や事を、そのテーマという接点から、読者に紹介していこうと考える。金氏さんにも参加いただいたvol.13では「一冬、ヒアシンスの球根を育ててもらえませんか？」と声をかけ、快諾してくださった人に、冬の終わりから春にかけて、経過を報告してもらった。球根が急に育って鉢から飛び出した人、予想よりずっと早く花が咲いた人、枯らせてしまった人、咲いた花を綺麗だなと眺めた人、育てるうちに見ることを忘れてしまった人、自分は見ていたけど家族は知らんぷりだったという人、子どもと一緒に育てた人、仕事続きで育てられなかった人。

アーティスト、編集者、主婦など私の周囲にいる人に声をかけ、その人の得意な表現にまかせてアウトプットを依頼すると、春の始めにたくさんの体験が、写真や絵や文章のかたちで寄せられた。こうした行為によって、その人が生活しているプライベートな空間の一部を、誌面で見せてもらうことに、私は価値をおいた。また、普段やらない行動を誰かと一緒にしてみるという試みによって、普段なら話さないような事柄を語りあうコミュニケーションを始めてみることに、意味があると思ってやっていた。親しくつきあっているつもりの人でも、冬にヒアシンスを育てている部屋を見せてもらうチャンスはあまりないし、何かを育てる時間を誰かと共有するということは、暮らしのなかの知恵を分かち合うことでもあると思ったからだ。

球根栽培に友達を誘う、という例のように、何気ないことであったとしても、「それをあえてすることに、自分なりの価値をおく」ということは、どんな人も、ちょっと工夫すればできることではないだろうか。そのことにより、日常のなかに、楽しさや発見を増やしていく。そうしたことを心がけることで、人とのつながりが豊かになっていく。

さらに、自分なりの視点や価値をつくる、ということは、その対象を自分なりに「批評」することにもなるはずだ。金氏さんの考えにそって考えを広げてみると、アーティストやアート作品というものは、観客に、あなたももっと自由に批評してみよう、もっと自由に考えてみよう、自由な視点で世界を見てみ

Tower (THEATER) (2018)

ようよ、と誘いかけるものなのではないだろうか。その先にあるものは、制約から自由になった開放感、意外な場所や人とつながることができるという気づきと、それらによりもたらされるあらたな拡がりである。

二〇一八年に六本木ヒルズのアリーナでは、六本木アートナイトというイベントの中心的な作品として、金氏さんの大規模な彫刻作品〈tower〉が上演された。ミュージシャンやパフォーマンスアーティスト、役者や建築家、写真家など多彩な顔ぶれが参加し、それぞれの行為をくりひろげる。舞台となった木製のタワーは、金氏さんが約十年前、横浜美術館での個展を前に描いた、葉書サイズのドローイングを、高さ六メートルにまで拡大した舞台装置だ。そこを基地として、いろいろな人が登場する、人をつないだ美術作品である。

スーザンもそうであるように、金氏さんはよくほかの分野の作家と「コラボレーション」を行う。金氏さんはその理由として、自分の行っていることは、彫刻の概念のひとつである「コラージュ」なのだ、と説明をする。

「僕はすべての作品を通して『コラージュ』をしています。何かの対象に、あたらしい役割や違う可能性を与えることで、もといた場所から切り離すんです。僕の言う切断というのは、切り刻むという行為というよりは、そのまま連れ出す、というイメージです」

「僕の思う『コラージュ』は、時間や歴史や文脈のつながりから断片を切り抜き、オルタナティブな接続点を見つけ出し、あたらしい関係性をつくり出すことです」

あたらしい役割、あたらしい関係性。オルタナティブな、もうひとつの接続点。この言葉を聞いて、なるほどと膝をうった。私と金氏さんの関係性も、金氏さんのコラージュへの態度を反映して、おりに触れて異なる役割を与え合い、学び合うという間柄があった、と気がついたのだった。

私のかたわらに、ひとつの冊子がある。「here and there 13.5」。二〇一八年七月に発行した「here and there」vol.13の新刊記念イベントを、金氏さんの多大な協力を得て、大阪の千鳥文化で二〇一八年八月半ばの二日間、行ったと

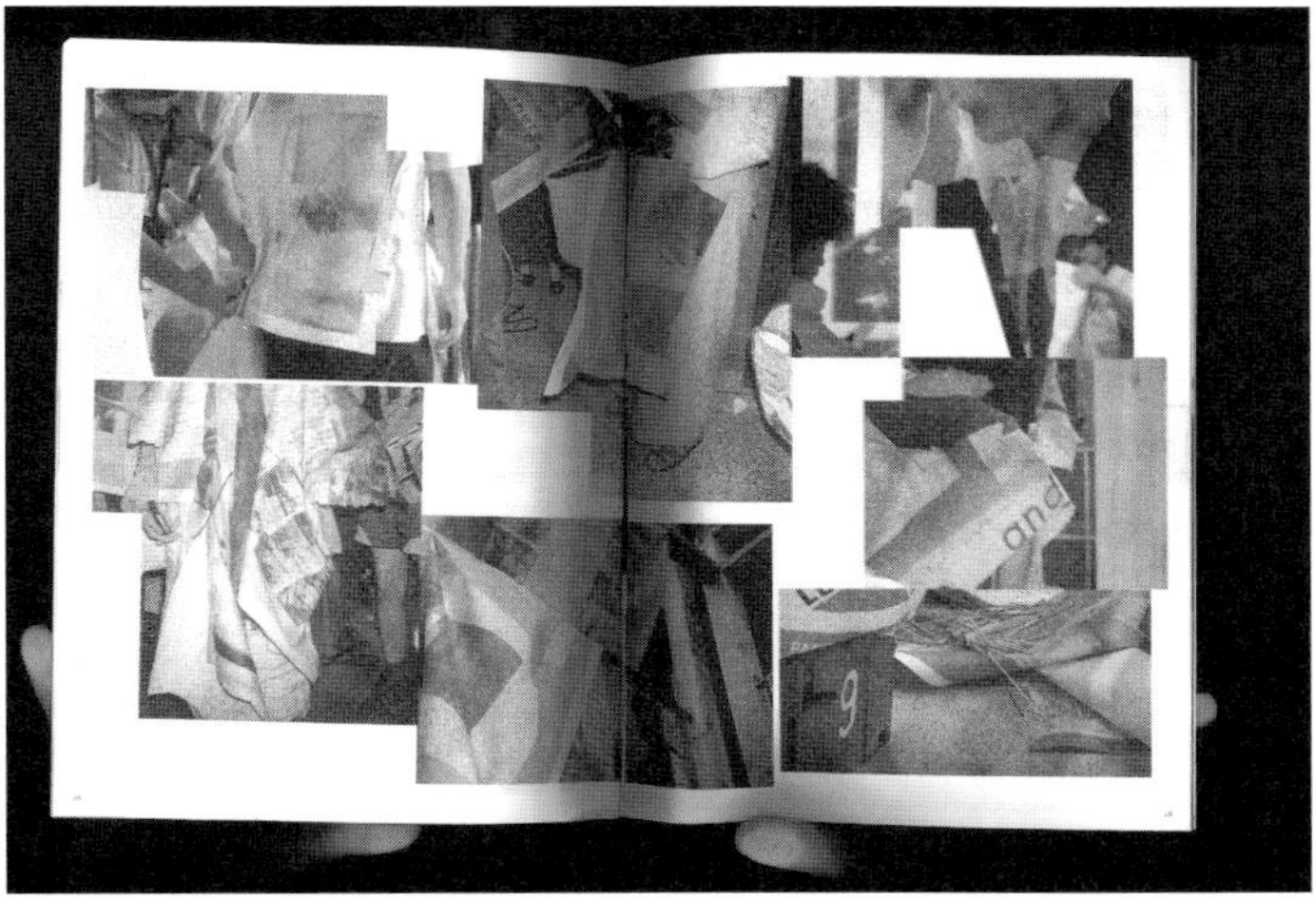

「here and there 13.5」（2019）

きの記録冊子である。

展覧会について記事を書く執筆者である私と、取材相手である作品のつくり手、アーティストの金氏さんの間では、金氏さんが教えることになった美大の授業に私が講師として呼ばれたり、私がつくる雑誌や本の刊行イベントに金氏さんをお招きしたりと、さまざまに役割交換をしながら、いくつものプロジェクトを通り過ぎてきた。役割を交換しながら次々とプロジェクトを共働するなかで、いろいろな気づきを互いに得てきたという実感があるのだが、その「役割交換を誘う力」は、アーティストとしての金氏さんの「人をコラージュする力」によるものだった、とあらためて、気づいたのである。

コラージュという行為について、金氏さんはこう説明した。

「まず切り抜くには、きっかけとして、既存のものとは異なったあたらしい境界線（キリトリセン）を見つけ出すことが必要。さらにオルタナティブな接続点（のりしろ）を見つけ出すことが必要です。道具として、切り取るにはハサミ（視線、批評性）。貼り付けるには接着剤（人、物質、言葉）。さらに、土台となる紙（空間、メディア、自然現象）も必要になることがあります」

「スーザンさんのしていることも、央子さんのしていることも、すべてコラージュではないかと思っています」

取材のやりとりでこうしたメールが金氏さんから送られてきたとき、私はびっくりして立ち止まった。驚いて、半年くらいこの原稿の続きが書けなくなった。しばらく、考える時間が必要になったのだ。年末が近づき、九〇年代に人気があった雑誌「Purple」（今もある雑誌だが、創設者のひとりエレン・フライスが現在の編集長オリヴィエ・ザムとつくっていた当時のもの）について、ある編集者と話し合ったことをきっかけに、また原稿執筆を再開した。

その人は九〇年代の「Purple」についてこう振り返った。「今では伝説の雑誌のように言われている雑誌だけれども、当時、何があたらしかったかと聞かれると説明に困る。あたらしさはたしかに感じたが、若いメディアにありがちな、自分たちの主義主張を誰かに説得しようという感じはなかった。パリにいた若いカップルが、定期的にNYに旅行をしながら、アートの周辺にあるカルチャーのなかから、自分たちが面白いと思う人や活動を紹介していた。彼女たちが興味をもった分野の一つにファッションがあったことをきっかけに、同人誌のようだった彼らのつくる雑誌が瞬く間に、ブランドの広告が入るファッション誌に成長していった」と。「Purple」が通常の商業誌と異なっていて、その存在がある時期のパリのシーンを活性化させたのは、「自分たちの興味のある断片を切り抜き、あらたな接続点を見つけ出して、誌上に並べることで、あたらしい関係性をつくり出す」ということを行っていたからではないだろうか、ということ。

この雑誌が登場した九〇年代前半はインターネット台頭前夜だったから、パリとNYの視点が共存する、ということ自体が「あらたな接続点」であったことは間違いないし、誌面で紹介される個々の作家は、その雑誌と関係はなく個別に存在していたけれど、たとえばマルタン・マルジェラとヴォルフガング・ティルマンスと現代アート作家の作品が並んだことで、受け手のなかに、それらに潜在的に含まれるあたらしい関係性やつながりが見えた。その役割を果たした媒体だったからこそ、この雑誌が登場したときの衝撃は大きかったのではないだろうか？　これからの時代において、何かあたらしい一撃を加えるような活動を行うためのヒントは、この関係をつくる接続点をつむぐことにあるのではないだろうか。

一九九〇年代の「Purple」は異なる都市や分野をまたいでコラージュを行っていった結果、コラージュの異化作用が働いて、出会ったことのないこちらとあちらが出会い、そのことにより自由が生まれ、あたらしい可能性が広がる、という化学反応を引き起こしていた。

「なぜコラージュをするのか。それは、既存の時間、価値、歴史、ルールに対して個人的に抵抗することだからです」

「コラージュをするとは、小さなアクションの繰り返し、もしくは積み重ねで、大きなものに対抗することなんです」

金氏さんとの対話がそこまでたどり着いたところで、私は同時期に編集していた「here and there」vol.14をコラージュ号にすることに決めた。裏表紙にこう書いた。

コラージュとは、既存の時間、価値、歴史、ルールに対して個人的に抵抗すること。小さなアクションの積み重ねで、大きなものに抵抗すること。これは、自分自身の表現メディアをコラージュと位置付け、作品づくりのなかでコラージュ行為を再定義し続けるアーティスト、金氏徹平さんの言葉です。今号の制作時期に私が制作していたインタビュー集『つくる理由』の取材から拾った金氏さんの言葉から、この特集タイトルを思い立ちました。

アーティストは、日常私たちが目にする物や、頭のなかに浮かんでいることを再定義して、あらたな視点を提示する。価値について考え、あたらしい物の見方を提示する。作品という物にとどまらず、そのつくる行為の与える影響は、広く、かつ深く届くのである。

暮らしに生きる芸術に光をあて、問いを放つ

志村信裕

志村信裕（しむらのぶひろ）
一九八二年生まれ。現代美術作家。映像の本質を問い直す視点から、インスタレーション、フィールドワーク、ワークショップなど多彩な活動を行う。東京育ちだが横浜・山口・パリ・千葉などに拠点をうつしながら制作し、現在は千葉県香取市在住。

志村信裕さんの〈Dress〉に出会ったのは二〇一五年一月、東京都現代美術館で開催されたグループ展『未見の星座』の会場だった。薄暗く照明がおとされているなかに、部屋の中央にたくさんのリボンが天井から床まで垂らされ、そのリボンの表面に、美術館のある土地に流れる川の、水面の映像が投射され

Dress（2015）

ている。それだけの構造が、暗闇のなかに幻想的な空間をつくり出している。部屋にいる人の動きによって、影と光による部屋の表情は変化し続ける。

その作品に一目惚れしたときから、志村さんとの対話が始まった。東京出身の志村さんだが、当時は山口県に住んでいるということで、会って会話した時間はあまりないのだが、テキストをやりとりする行為へとつながっていった。

そのころ、フランスに住む私の友人のエレン・フライスが世界中の寄稿者に執筆を依頼するインターネット・マガジンのプロジェクト「Les Chroniques Purple」を行っていた。彼女から、職人の手を取材してほしい、と頼まれたけれど実現にいたらなかったことが頭に残っていた。『未見の星座』展では湯桶に映像を投影する作品をつくっていた志村さんは、山口に帰るまえに、民藝の展示販売会に立ち寄る計画を熱心に語っていた。志村さんとなら、エレンのプロジェクトが実現できるかもしれない。そう思って始めたメールのやりとりからは、民藝や手仕事について、また志村さんが山口県の骨董市で出色のものを見つけるハンティング的な行為と、青山や原宿のファッションブティックにそうした器があふれているという消費の現状について、一月から五月にかけて三回にわたり考察する、長めのエッセイが生まれた（のちに「here and there」vol.12に「志村信裕との対話」として収録された）。

たとえば、島根県の民藝品展で、名前のない職人がつくった竹の匙。志村さんが一目惚れして購入し、暮らしのなかで使ううちにさらに、手づくりのものの豊かさに気づかされたというその匙についてメールで文章を交わすうちに、志村さんの発見行為への情熱をくみとった私は、エッセイをこうしめくくった。「誰も顧みないもののなかに美を発見すること。それは私たち自身を遡る、時空を超えた旅でもあり、同時に明日への希望でもある」。過去に生まれた美しいものを発見する志村さんの喜びの背景には、現代生活への問題提起とともに、よりよい未来をのぞむ強い願いがあることを読み取って書いた文章である。

展覧会に展示されていた木製の湯桶が、職人の手工芸品であり、今にも消えゆく存在であることも、志村さんとの対話から知った。またこの執筆によって

2 Wooden Basin

NH: We are now in a season when the mountains and the trees are imbued with a fresh green hue. As mentioned in our last conversation, it has become your routine to frequent the antiques market in Yamaguchi on the first day of every month. Were you able to make your visit this past April 1st?
NS: Unfortunately I was unable to go yet again, as I had been in Tokyo at the time.

2 湯桶

NH 山々が萌葱色に染まる新緑の季節となりました。遡って4月1日、毎月初日に志村さんが恒例とされている山口の市へは参加されましたか？
NS 東京に行っていたため残念ながら今月も行けませんでした。

NH 3月の下旬、22日には志村さんが参加されていた東京都

「here and there」vol.12（2015）

当時、表参道などのブティックでは、洋服やインテリア小物、オーガニックな化粧品とならんで、湯桶がうやうやしく陳列されていることにも気づいたのだった。暮らしのなかで消えつつあるものや過去のライフスタイルに価値をおく人たちも、都市のなかに一定数はいるのだろう。

三回目になる最終回の記事では、志村さんが熱中している民藝の器コレクションを取り上げ、さまざまな価格帯のファッションブティックで民藝の器が販売されている現象と、ひとりのアーティストがそのコレクションに熱中するさまを並置して考察した。私の問いと、志村さんの答えのやりとりを記したあとに毎回、私のエッセイが続いた。しめくくりのエッセイには、こう書いた。

「度を越した資本主義社会のなかで、物を買う行為につい引け目を感じてしまう。言葉にされることは少ないが、それは多くの人がうっすらと日々、感じている後ろめたさだ。理由のひとつは、流通経路が複雑化しすぎて、目に見えないつくり手のためにお金を払うことへの本能的な警戒心であろう」

「資本主義の波を上手に乗りこなしながら生きていくためのヒント。それは交易の、売買の場が、売り手も買い手も主体的にかかわれる、愉しい場であるべきだ、ということにつきるのではないだろうか」
「人に対しても物に対しても、愛をもって丁寧に見つめ、接する。交易にも、生きることにも、主体性を奪回することの第一歩はともかくも、そこにつきるのではないだろうか」

この執筆をしていた二〇一五年のあと、志村さんは映像作品を二つ発表した。〈見島牛〉（二〇一五）と〈Nostalgia, Amnesia〉（二〇一九）だ。その間の二年間、志村さんは政府の給費留学生としてフランスへ留学する。山口県の離島に生息する絶滅寸前の牛とその周囲の島民の暮らしを記録した〈見島牛〉以降の志村さんの作品が、より社会的なメッセージを内包した題材を扱うようになり、それ以前の作品と方向転換が見られるという指摘もあるようだ。けれども、二〇一五年の三回の連載から見えてくる志村さんの価値観には、そのシティーボーイ的な風貌の下に、高度資本主義社会に対する鋭い問題意識と、表面だけをすくいとりながらぐいぐいと前進するグローバル社会へ警鐘を鳴らす姿勢がはっきりと見てとれていたと思う。

見島牛（2015）

二〇一五年、志村さんから別のプロジェクトに誘われた。作家になって一〇年になる節目に、これまでの活動を記録する作品集『Good Copy』が企画されていたのだが、その出版物への寄稿だった。それまで映像作家について深く考察したことはなかったが、志村さんから原稿依頼をうけた直後に、恵比寿映像祭で映像の起源にまつわる作品に触れたことから、志村さんの映像作品について、書いてみようと思った。さほど長くはないので、ここに引用しようと思う。

光のなかの人には、さわれない。


そこにあるはずのものは、そこにはない。

そこにいるはずのものは、そこにはいない。

花でいっぱいのひきだしも、夜の住宅街に突然しかれた真っ赤なカーペットも、さわりたい。けれどもさわると、そこにそのものは、ない。

赤いスニーカーも、ろうそくのあかりも。

映像にうつっている（あるのにない、でも、ないのにある）たくさんのものたち。

肌理や触感、異なる感情を同時に立ち上げる繊細なものたちの棲み家。

——映像学者が登場する。

「映像moving imageというものはそもそも、不安なものなのです」

「なぜですか？」

「そこにあるはずのものが、そこにはないからです」

「なるほど、それはそうですね」

「最初に映画を見た人たちは、スクリーンにさわりに行ったそうです。そこに映写されたものが、ぜったいにスクリーンの場所にはある、と信じて。でもそこにものは、ないんです。だから、映像の本質は、不安なものだ、ということです」

——歴史学者が登場する。

「歴史について調べてみました。たくさん調べてわかったことがあります。世間で信じられている歴史の多くは、後世になって資料などをもとにつくられたものだ、ということです。一つのテーマを丹念に調べていくと、当時記録された資料と本当にそこであったことが、必ずしも合致しないことがわかってくるのです」

「それはどういうことですか？」

「ある事件が起こった時点で、その事態の全貌を把握できている人はだれもいないわけです。全貌を通観できないままに、事件があったことが報道される。過ちや誤解を含みながら報道されたものが堆積してできたものが、今日私たちが歴史だと認識しているものなのです。そのことを私は実証しました」

出逢ってきたものたちと、これから出逢うものたちへ。

いろいろなものに、ひかりをあてたい。

「とてもきれいですね」

「このせかいのなかに、棲んでみたくなりました。

わたしのこころは、時々ここに、帰ってくると思います。
ここに、わたしが棲んでみても、いいですか？」

インタビューや取材を重ねていくうちに、私が作家たちから話を聞くだけではなく、逆に彼らのほうからも、こういったプロジェクトに誘いをもらう機会がすこしずつ増えてきた。こうして、ひさしぶりに五年前に自分が書いた文章を読むと、その後五年間に作家がたどっていくことになった道筋が、この文章にもほんのり透けて見えていたような気持ちになる。

二〇一九年の八月の終わり、志村さんと「時間と価値を問う」と題したトークイベントを、原宿のVACANT（現存せず）で行った。タイトルをつけたのは、フランス留学中から制作が始まり、帰国後も志村さんが撮影と編集行為を続け、二〇一九年一月に発表された〈Nostalgia, Amnesia〉にまつわる展示を見たときに、ふと私の頭に浮かんでインスタグラムに記した「時間と価値」という言葉を、志村さんが見つけてくれたことに端を発していた。

歴史を問うことは「時間」を考察することだろう。映像作品において、投影されているものが現実にはその場所にないことへの不安感はすなわち、「もの」について、そしてその「価値」についての問いを、つねに発し続ける行為と、つながってはいないだろうか。志村さんの作品、あるいは上記のブログに掲載したエッセイにあらわれているような、民藝作品などへの関心、つまりのちの ち作品を生み出すことになる、思考の周辺をとりまく志村さんの日常的な関心事に、「時間と価値を問う」という姿勢がつねに、あらわれているのではないだろうか？

このことについて考察していきたい。

「価値」を考えるときに、切り離せないのが「もの」である。日々、買い物をしない日はないような日常のなかで、私たちは何かしら、お金とひきかえにものを得ることを行っている。

志村信裕

Nostalgia, Amnesia（2019）

前出の連載でも可視化された志村さんのものへの興味は、その後の〈見島牛〉や〈Nostalgia, Amnesia〉などの作品にも明快にあらわれていた。そもそも、無印良品が誕生した一九八〇年にほど近い、一九八二年生まれの志村信裕さん世代にとっては、暮らしのなかのものについて論ずる視点をもつことに、何も違和感はないのかもしれない。

二〇一六年から二〇一八年まで、文化庁からパリに派遣された志村さんは、日本美術を研究するフランス人のもと、フランス国立東洋言語文化大学で研修を行っていた。その帰国前の二月から五月まで三ヶ月の期間志村さんとの間を三往復した書簡（「mahora」創刊号）のなかでは、志村さんが当時、フランスと日本を舞台に制作真最中であった〈Nostalgia, Amnesia〉の構想や出会いのエピソード、撮影の裏話が綴られていた。そして、制作中の新作が「手あみのウールセーター」や羊毛の価値の変遷をめぐる話であることが綴られていた。「竹の匙」や「湯桶」につづいては、「手編みのウールセーター」という身近なものを介して新作が展開されるということや、さまざまな土地で撮影を敢行した壮大な物語らしい、ということは、想像ができた。けれども、二〇一九年一月、国立新美術館における『ドマーニ』展へ志村さんの新作映像作品〈Nostalgia, Amnesia〉を見に行ったとき、四七分の映像作品の全貌はまったくといっていいほど、つかめなかった。

出てくるのはたとえば、私の友人でもあるエレンと、彼女の村の住人で、羊毛の紡ぎ手である高齢の女性、メアリのエピソード。青いセーターを着て、おだやかな声で羊飼いの生活の変遷について語る人。成田空港を背に、千葉県の畑で大根の白い肢体をいつまでも洗う農家の人。さらには、「記録は記憶に勝る」という、羊をめぐる大量の記録をノートにつけている、三里塚の初老の男性。彼らの関連がつかみきれず、なんども美術館に足を運んだ。

どの人物も存在感があるのだが、とくに印象に残ったのが、映像のなかで、ブルーのウールのセーターを着て唯一、顔をカメラにむけて話した、羊飼いの若い男性だった。彼は「昔は乳搾りを手で行っていました。今は機械で、騒音のなかで乳搾りをやっています。動物と、距離ができてしまったんです」と、とても無念そうに、そう語っていた。この男性は志村さんの関心事を、まさに自らの口で語っているように見えた。フランスのバスク地方にある人口五〇〇人の村、オルディアルプの羊飼いで、季節によって羊の居場所を変える移牧を、今も行っている人だ。年に一度、彼が羊たちと移動するその日にあわせ、志村さんは撮影のため、再度フランスに赴いた。

Nostalgia, Amnesia（2019）

新作〈Nostalgia, Amnesia〉の発表から半年たって、二〇一九年夏には千葉県立美術館で志村さんの個展『残照』が開催された。冒頭に紹介した〈Dress〉を含め、二〇〇九年から二〇一九年までの十一年間の代表作五点が、贅沢な空間のなか展示されたこの展覧会では、志村さんが執筆した新作についての覚書「志村信裕　残照ノオト」が会場内で配布されていた。そこで志村さんはこう書いていた。

「資本主義経済による、ものの均質化が進む一方で、人々は自分の手でつくれるものを求め始めている。どんなに世の中が変化しても、人間の心が希求しているものは決定的には変わらないのだから」

『残照』展の入り口にあって観客を迎えたのは、ボタンという生活のなかで馴染みの深い「もの」を映した映像インスタレーションであった。志村さんの初期から一貫している試みとしてほぼ毎回、映像は白いスクリーンではなく何かの「もの」に対して投影されていた。リボン、バケツ、まちばり、道路、階段、本、風呂場の水面……。日用品や暮らしのなかの身近なものたちが、志村さんの目によってスクリーンという器に起用され、意外な映像空間を生み出すことに一役かってきたこと。それは、来た人が素直に楽しむことのできる現代美術作品という、志村さんの作品の魅力の一端をになってきた。

ものを撮り、ものに映す。そして、「光をあてる」。「光をあてる」という言葉は、志村さんが好んで自作の制作姿勢を語るときの言葉なのだが、そこには「見すごされたものに注目し、そのものの存在を光らせる」という、価値の転換をはらんでいなかっただろうか？

また『残照』展での選び抜かれた代表作の展示では、来場者がその作品の近くで覗き込むような姿勢をとる作品が多かった。自分もそのポーズをとって作

Jewel (2009)

品を見つめているときに、「身近さ」が志村さんの作風のひとつのキーワードとして浮かび上がってきた。

「身近さ」のあるアート作品に、私が興味や好意を抱くようになったのはいつからだろう？　この本で取材を重ねた作家たちは、服のつくり手であればある程度当然のことかもしれないが、現代アート作家のなかでも、「身近さ」を感じる作家であることが、共通項である気がしている。私たちの暮らしや生活に「近い」感覚から作品を着想し、つくり続けている人たちの世界に、私はどうしてもひかれるのだ。

「身近な」感覚といえば、志村さんはインスタグラムの愛好家である。留学中はとりわけ、パリを起点とした小旅行の足跡を頻繁にアップしていた。日本に住む旧友たちへの手紙代わりだったのか、それとも自身の足跡を記すことに何かを見出したのか？　自らの足跡を記録することへの熱意は、たんに未知なる土地への旅行記というものを超えて、「何かへの意思」を伝えていた。それは何だったのだろう。

そのインスタグラムにある日、バイヨンヌのバスク博物館が現れた。展示されていたのは、羊飼いたちが使っていた道具。インスタグラムに記録された「もの」との出会いの瞬間は、志村さんが旅する生活から制作する生活へとスイッチが入った、転換点だった。のちの往復書簡でも述べていたように、フランス滞在の二年間は、制作をかたわらにおき、インプットのための旅として位置付けた日々だったからだ。しかし、その「見る旅、考える旅」から制作の旅に切り替わった瞬間は、バスク博物館への訪問によって訪れた。

バスク博物館は、暮らしのなかで人々が使っていた道具を展示する地方の博物館で、羊飼いが乳搾りに使っていた椅子や、羊毛を刈り取るハサミなどの道具類が陳列されていた。それらに「ものとして惹かれた」ことから、志村さんの制作へのスイッチが入ったのだという。転換には、ものありき。「かつてあった暮らしと、そのなかで使われていた道具。その朽ち方や使われ方に、興味をもちました」と志村さんは言う。そして、共働する女性に羊飼いを撮影したいと伝えたところ、彼女が見つけてくれたのが、青いセーター姿の羊飼いだったのだ。

志村さんの「道具に、ものとして興味をもつ」という姿勢は、前作〈見島牛〉にもあらわれていた。海外の牛と混ざることのなかった日本の牛、和牛と人の生活史を、風景と道具から語る映像詩。食用だけではなく農業においても、人間の手助けをしてくれた牛との生活のなかで、島民が使ってきた道具類がポートレートのように撮影され、牛の姿とともに収められた。作品にまつわるトークイベントにおいて、一度使われなくなった道具を処分しようとした島民が、父親から「お前も俺も、道具があるから生きているんだ」と諭された、というエピソードを聞いた。ここでも、道具やものに生命を感じ、また「人の生活につかえてくれるものは、尊いものだ」と感じる志村さんの意識が働いているのではないだろうか。

バスク博物館に展示されていた羊飼いの道具や、見島牛を飼う島民の農具など、個人によって使い込まれた「もの」への興味。それをほりさげて考えてみると、「パーソナルな道具が、時間を経ることで、かつての暮らしを映すパブリックな器になることに興味があるんです」と志村さんは語る。「かつての暮らしを映す」という言葉の選び方に、映像を映す媒体として白いスクリーンを拒否し、さまざまな「もの」を選び取ってきた作家の姿勢を見ることができる。
執筆のために、一度ではなかなかのみこめずにいた〈Nostalgia, Amnesia〉を咀嚼しようと何回も観て、私が考えたこと。それは「これは映画でもない、ドキュメンタリーでもない、実験映像でもない。私がこれまで知らなかった、映像を使ったあたらしいタイプの作品ではないだろうか？」というものだった。セーターや空港など、ごく身近なものを入り口として、現代への問題提起や歴史への言及を行う。その映像が示唆する世界は多様で、一括りにはできないさまざまな発言が内包されていた。

たとえば、作品の主役である「羊」は、西洋では人間のもっとも長きにわたる隣人として、キリスト教の宗教画でもよく知られ、描かれてきた存在である。一方で、日本にこの動物がきたのは明治時代のことである、という事実。羊飼い、幼子と羊という存在を、小さいころから絵本などのイメージによって刷り込まれていた気がするのだが、本当のところそれらは、日本人にとってはずっと、想像上の動物にすぎなかったという気づき。そして、羊を家畜とする動きは、戦争による需要から現実化されたという史実への驚き。歴史をつぶさに、ひとりの人の居場所から、丁寧に検証していくと、たくさんの気づきがある。
ほかにも、この作品で初めて知ったことは、成田の三里塚闘争が今も続く運動であることと、その始まりが一九六六年であったということだった。自分が生まれたその年に、成田の闘争が始まっていたとは、知らなかった。この気づきによって私は、たまたま志村さんの作品を観に行くすこし前に読んだ、新聞の一面記事を思い出していた。
「原子力最中　大熊と歩み　消えた」（朝日新聞二〇一九年一月九日）
東日本大震災から七年一〇ヶ月後のタイミングで掲載された、福島第一原発の地元の菓子店の話題である。概要はこうだ。

一組の夫婦が一九六一年に創業した菓子店が、新商品を思案している時期に原発所長が来店し、「原発土産になりそうな菓子はないか？」と言った。それをきっかけに、原子炉建屋を図案にした原子力最中が誕生した。一九六〇年代後半になると、原発の建設工事が始まり、駅には急行や特急が止まるようになった。

一九七一年に第一原発は営業運転を開始。その最中も二〇一一年三月の東日本大震災によって、今は失われ、店は帰宅困難区域になり、荒廃した。原発事故のあと、夫婦は一度も菓子をつくっていない。

時間の流れのなかで、失われていった何ものかが、歴史というものを、立証するということ。身近なものが生まれ、そして消えていくという経路にこそ、歴史を実証する瞬間があるということ。原発の周囲にも、土産物としての「最中」という、人の暮らしの営みの近くであるものが生まれ、そして消えていった。成田空港の周囲にも歴史をたどれば、御料牧場という、羊をめぐる場が生まれ、そして、消えていった歴史があった。どちらも「近代化」というプロセスのなかで起こった出来事である。

歴史は多層的である。そして、歴史のなかには、普通であれば光のあたることのない「普通の」人に起こったエピソードが、必ずある。そこにこそ、歴史を実感させるものごとがあるのではないか。福島の第一原発の土産物の最中の誕生と消滅や、成田の御料牧場の歴史を記しつづける老人が今もいるように。志村さんが〈Nostalgia, Amnesia〉で拾い集めたように。

この五〇年間に日本のなかを駆け抜けた、急速な技術革新とその結果は、思いもかけないさまざまな場所で見つけることができる。

〈Nostalgia, amnesia〉に現れたスペイン移民のメアリの、羊毛を糸に紡いでセーターに編むまでの、手作業のセーターづくりが今はもう行われていないように、移牧による羊飼いも、年々拡張する成田空港の三里塚で営む有機農業も、ともすると風前のともしびかもしれない。そのことについて、悲嘆するのでもなく、大声で警告を発するわけでもなく、見る側を思考へと誘いかけるように、映像は続いていた。

「僕は、個人から見える社会というもの（またはその方法）に興味があるんだと思います。取材対象を選ぶうえでは、どんな人で、どんな語りをもった人か、ということがとても重要でした」

志村さんがそう語るように、私が何回かこの映像を観るうちに、強くひきこまれたのは、ここに出てくる人たちの、しずかな語り口や所作だった。彼らの語ることは、今という時代の社会や文明にとって、とても大事な事柄であるにもかかわらず、その語り口がとてもしずかで、このうえなくやさしく、柔らかいということ。重大なことを、さりげなく語る人というのは、なかなか出会えるものではない。なぜなら、テレビでも、インターネットでも、大声で話す、人を説得しようとする、そういう人たちの声ばかりが、そこここで、響いているから。だからこそ、静かな声や、誰かを説得しようという意欲がみじんも感じられない、〈Nostalgia, Amnesia〉に出てくる人たちは、とても貴重な語り手だと気がついた。そこに気づいたときに、彼らを被写体として見つけてきた志村さんは、ものに対してだけでなく、人に対しても本当の「目利き」なのだと、改めて思った。

〈Nostalgia, Amnesia〉について、信州大学でのアーティスト・トークを終えた電車のなかで、この「つくる理由」の取材のため、移動中の時間をさいてくれた志村さんが、まっさきに口を開いて語ったことは、「本のような作品をつ作品にしたい、ということだった。ものとしての本ということではなく、作品が読み手の視点によって固有の世界をもって立ち現れるような、テクストとしての作品にしたい、ということだった。

「テクストには織物という意味があります」と志村さんは語った。この、〈Nostalgia, Amnesia〉のように多層的な作品に対し、さまざまな読み解きが成立し、その読み解きが重なってひとつのテクスチャーをなす、ということ。

そのような姿勢でつくられた作品は、単独の解釈を強いるものではない。観客の個々のなかに、さまざまな解釈が存在する。そうした作品のありかたこそ、観客にとっての「身近な」作品ではないだろうか。そうした作品に感じる「身近さ」とは「観客の側に解釈の余白があり、主体的に作品を読み解くことのできる自由が与えられている」ということだと私は思う。

執筆を進めていた二〇二〇年九月に、ルイ・ヴィトンのファッションショーが東京で行われた、というニュースが目に入った。コロナ禍でこのブランドのデザイナーは、世界中旅をしながらさまざまな場所で新作を発表することを決意した、という。「いつでも、誰でも、どこにいても楽しめるファッション」が、ラグジュアリーブランドから提示されていることに、またその提示された内容に、賛同できずにいる自分がいた。ファッションのエシカル・イシューを解決しているようにアピールされている新作。アニメを取り入れ、ぬいぐるみを服に縫い付けた服が本当に「楽しい」のだろうか？　それはただの記号の掛け算にすぎない。上海でも、東京でも、香港でも同じ舞台が用意され、世界中で同じ表層的な情報が発信されることを、消費者はただ受動的に受けとることを喜ぶだろう、ということを前提にしていることに、不自然さはないだろうか。そもそも高価なブランド品というものは、まずは上質な品質を提供するものではないのだろうか。

私たちは、「自由」に出会ったときに、真の「うれしさ」を感じる。アート作品には、アート作品だけが私たちに与えることができる思考と、思考によりもたらされる自由がある。現実のなかでたれながされている情報とはまったく別の、「自由」を感じさせる作家や作品を、私は好きになるのだと思う。そしてこの場でいう「自由」とは、〈問いのキャッチボールがある〉、ということではないだろうか？

志村さんの作品が「時間と価値について問うものである」、ということに気づいたとき。IKEAに行けば昔はウール製だった敷物がすべてアクリル製になっていて、都市のもっともおしゃれなブティック以外では、セーターといえば羊毛ではなくアクリル製のものしか見つからない世界を、私たちは引き受けなければならない。石油を多用することで、上部の表面だけがどんどん柔らかく、やさしく、心地よくなった安価なものが世間にあふれていながら、本当の意味での暮らしの質が、人類が培ってきた知恵の損失が、問われていることを忘れてはならない。

エピローグ
つくりながら生きる生活へ

この本の構想は二〇一一年五月に発行された『拡張するファッション』をうけ、その続編といった位置付けで前著の編集者、岡澤浩太郎さんと動き始めた。『拡張するファッション』の出版後に、月一回のトークショーに声がかかった。そのとき私が会いたいと思ったアーティストやつくり手を呼んで、対話を重ねていた私は、いろいろな人に会いに行ってインタビューする形式で執筆をしたいと考えた。二〇一二年冬には、ごく最初期の原稿、青木陵子さんと竹村京さんの原稿を書いていた。

二〇一一年の『拡張するファッション』は出版の直前に、東日本大震災があった。

本の制作では佳境を迎えていたが、未曾有の事態に、出版自体が流れるのではないかと危惧したことを覚えている。二〇二〇年春、この本の取材を終えて執筆も終盤を迎えた頃に今度はコロナウィルスが猛威をふるい、私たちの生活の「当たり前」がリセットされた。必然的に原稿は「その後の視点」を踏まえてまとめ直すことになった。

人について書くことをしたい。そう思うようになったのは、フリーランスになった二〇〇一年前後からだと思う。書店の本棚に、その人についての本が並ぶ著名人ではなくて、同時代を生きる人たちの活動を、執筆によって伝えたい。それが、月刊誌「花椿」の編集部を離れ、編集者からライターになった頃の私の一番の想いだった。

本を読んでくださった学芸員の高橋瑞木さんから声がかかって『拡張するファッション』が展覧会になり（二〇一四年）、その準備でしばらく単行本にかかれないとわかったときの打ち合わせで、『つくる理由』とタイトルを決めていた。そこからもマイペースに取材を進めたり、しばらく寝かせて考えたりをして、またもう一つの展覧会「写真とファッション 一九九〇年代以降の関係性を探る」（二〇二〇年）の監修などを経てようやく、本書の刊行を迎えた。

イギリスの帝国主義を肌で感じて

二〇一九年秋、私は英国に引っ越した。産業革命の発祥の地である英国ロンドンに住んでみてあらためて自覚したのは、つくることを手放した国の寂しさである。街にはあらゆる国や地域の食材が売られ（トルコ、中東、イタリア、ポーランド、中華系の食材店が居並び、日本食はほんの片隅を占める規模）、さまざまな言語の看板を店がかかげた目抜き通りを歩くと、ここはグローバリズムの発祥の地でもあるんだな、と理解した。

二〇二〇年秋からセントラル・セント・マーティンズの大学院で展覧会研究（エグジビション・スタディーズ）を学び始めると、その直観が地理学者、ドリーン・マッシーのグローバリズム理論によって立証されることがわかった。

金融の世界的中心であるシティが、ロンドンという都市を特徴づけている（「ロンドンは、国際的な移住者群と同じくらい資本が集積する世界都市である」マッシー『空間のために』月曜社より）。そしてグローバリゼーションは、賃金格差や地域格差など、現代生活を語る上でさけて通れない衝突の数々を生み出している。

文化はつくることでうまれる。つくる人の発見のさざ波は、つくる人の周囲にいる人々に伝わり、それが社会の活力を生む。つくる人やつくる場所を住む場所から切り離してしまっては、何か大切なものが失われてしまうのではないだろうか？　その問題提起が本書の存在理由になるだろう、という実感を、より強めることになった。

英国生活一年目に通った語学学校では、本場で英語を学ぼうと意欲たっぷりのたくさんの若者に出会った。イタリア、ロシア、ブラジル、サウジアラビア、タイ、チリなど。さまざまな文化を背負う人々と英語で話すうちに、自分たちが信じてきた発展がいちど、白紙になる東日本大震災を経験している日本人の精神的な成熟度を思った。そうこうするうちにコロナウィルスで学校はすべてリモートとなり、街がロックダウンになるなかで、東日本大震災とコロナ禍という二度の挫折を経験している日本人の智慧は、今後の世界で生かされていくはずだという確信をもった。

住んでみたロンドンの街は、二〇世紀初頭から変わらない低層階の煉瓦づくりの家々と、時折浦安や新横浜のような高層ビルが不規則にパッチワーク状に入り組んで、複雑な街の景色をつくり出していた。住宅街をほぼ出ることのないロックダウン期間はとくに、家と公園とトルコ系食品店、ベトナム料理や寿司のデリバリーだけが日常で、時代と場所の感覚を失いそうになりながら、この本の仕上げを迎えた。

コロナ禍のアーティスト——よりひらかれた「対話」へ

二〇〇〇年代はまだ、雑誌への執筆が仕事の軸になっていた。しかし、毎月発行される月刊誌に、編集部にも読者にも喜ばれる記事を企画し、執筆するというスタイルが二〇一〇年代には通用しなくなっていく。かわりにウェブメディアで、ときには長く、私の興味にそった執筆の機会を得ることになった。パリコレ、東京コレクションなど、「情報が一箇所に集積する場所」に定期的に足を運ぶというかつての取材スタイルは、二〇一〇年代にはもうほとんどとらなくなっていた。そのかわりこの本で行ったように、個人の世界をほりさげるように、なんども同じ作家の展覧会に足を運びその人に深く話を聞くという取材スタイルに自然と変わっていた。

第一章の青木陵子さんと竹村京さんは、この本の取材を始めた初期に取材した方たちである。

青木陵子さんはイントロダクションに紹介した展覧会の、さらに発展させたバージョンともいえる展示を、二〇二〇年にパートナーの伊藤存さんとの二人展『変化する自由分子のワークショップ』として展示していた。コロナ禍のなか三月にスタートし、夏の終わりまで続いた展示は、第一章で取材した個展の、始原としての生命のとらえ方を、さらに始原としてのひとの生活の営みへと発展させ、交易やワークショップをとりこんだ拡がりが印象的だった。二〇一七年と二〇一九年に東北の小さな入江である浪田浜や、離島にある家で、その土地や家にあるものを使って制作したリボーン・アートフェスティバルの展示の集大成ともいえた。

思い出したのは、「拡張するファッション」展のなかのパスカル・ガテンが主宰したワークショップだった。そこでは、ものづくりの本質を示す作家が存在し、その作家のまわりに自然と湧き立つさざ波を丁寧に拾い、育てるという作業が、美術館のワークショップで参加者たちに共有されていた。

伊藤さんと青木さんの「変化する自由分子のワークショップ」展ではさまざまな展示にワークショップの概念が拡張され、浸透していた。たとえば、会場で販売されていたジンとその関連のワークショップ企画として。あるいは、ワタリウム美術館の3階を使って、物品販売する発想のきっかけとして。

この3階の展示は、アーティストの二人がさまざまなつくり手を招いてハンドメイドのリメイク商品を並べ、営んだお店であるが、その一部には「拡張するファッション」展で白い台の上に並べられていた手縫いの子ども服とそのミニチュア（青木さんのお母さまがお孫さんのために縫ったもの。いつもお孫さんの服と同じ素材で人形用のミニチュア服もつくられ、添えられていたという。そのエピソードから、同展の青木さんの展覧会場には、大小の子ども服が展示されていた）のつくり手である、青木さんのお母さまの手縫いの服も販売されていた。

ほかにも「沈黙交易ワークショップ」として、端切れを組み合わせた素材を棚から受け取った人が、自宅で自由に制作活動してSNS上に発表する、というシステムも構築されていた。人と人が接することなく、物を受け取って交易するスタイルの、コロナ禍ならではの模索だった。

二〇二〇年の横浜トリエンナーレには、竹村京さんの修復シリーズの最新版が展示されていた。竹村さんの展示の一角に展示されることの多い修復シリーズは、いろいろな時期にいろいろな展示の場で観てきた。けれども今回はあたらしい素材として蛍光色の絹糸を使い、それを光らせるために照明を落とした横浜美術館の展示を観たとき、「ゴミになって、捨てられる」以外の生命を物に付与した作家の意図が、初めてストレートに届いたかもしれない、と思った。「身近な人の、壊れてしまったけど思い入れのあった物たち」というテーマで入り口にして集まってきた物たちは、竹村さんの生活のなかにありそうな上質な器といった物だけでなく、パチンコ台やロボットのおもちゃやプラスチックの洗濯バサミなどの、意外なものがほどよく加わってきたことで、物同士の、価格や趣味や素材の上下なく、「大切にされてきた物が、壊れて、でもそれが修復されたことにより、成仏した」物として陳列されていた。京さんは「断捨離とか、なんでも捨ててしまうという風潮に同意できません。愛着のある物たちが、突然死を迎えたときに、魂を与えたい。私の刺繍は、鎮魂なんです」と話した。

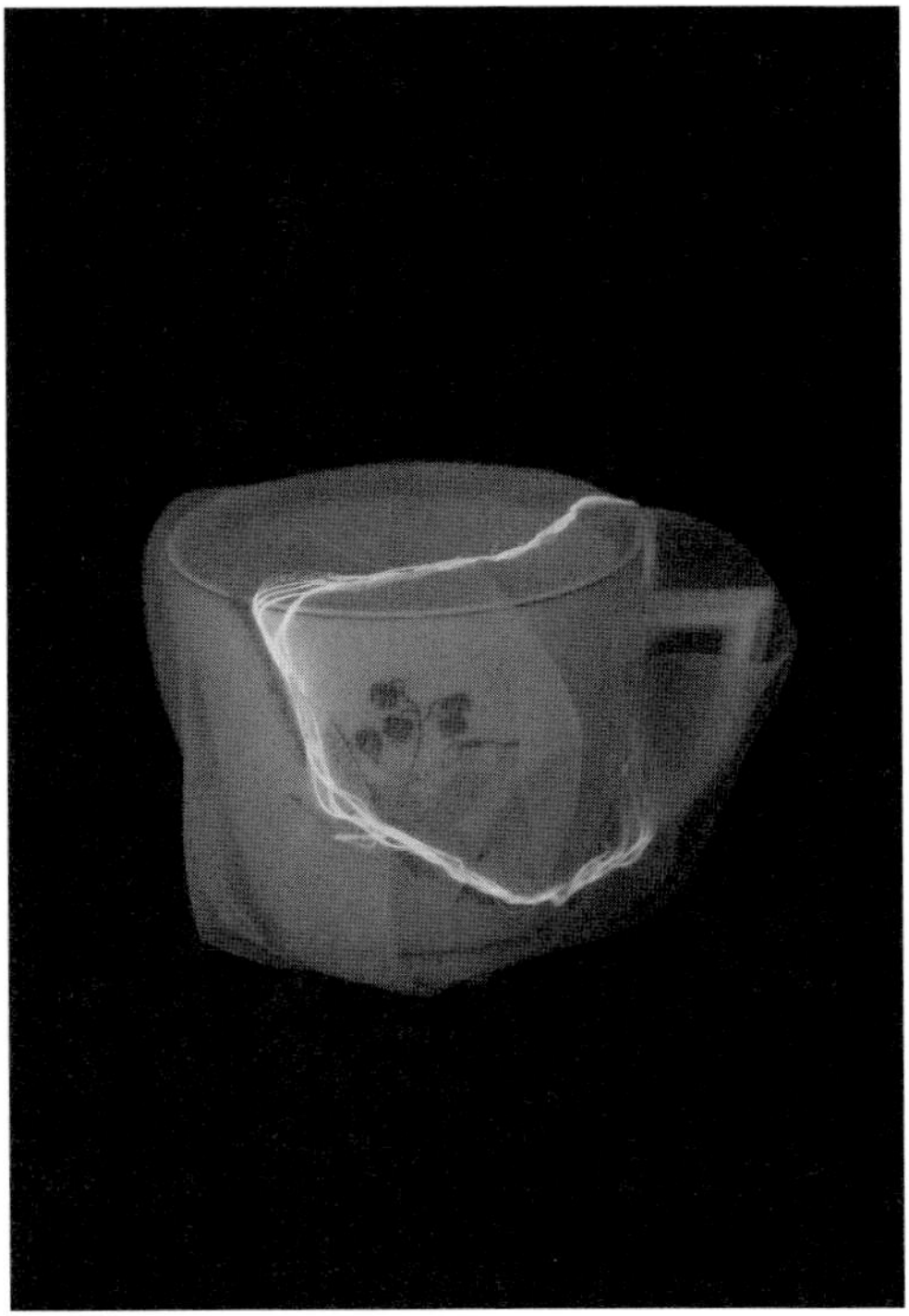
修復されたY.N.のコーヒーカップ（2018）

過去を遡っても絹が化学繊維に駆逐されるなど、産業がつくる行為より優先されて、おびただしい変化の波がおしよせてきた。竹村さんは言う。

「絹を『おしらさま』といって敬ってきたような、命に対する敬意を忘れたくないんです。壊れた物に対する畏怖がつくりだした『つくもがみ』を忘れたくないように。私は、物には命が宿ると思っていますし、物にも魂があると思えるんです」

「魂が抜けた死体を、写真にとってはいけない、と思っていました。捨てたら終わりではないように、死んだら終わりとは思えない。やはり、輪廻の死生観こそ、この国にふさわしい、とヨーロッパから帰って日本に住むようになってから、思うようになりました」

竹村さんと青木さんは取材をごく初期に始め、執筆も先行していたことから、ここに近況を補った。

またL PACK.は二〇一八年末から、池上本門寺近くの街に、区と鉄道会社との協働により地域と一体化したカフェをオープン、街おこしの「SANDO

プロジェクト」に取り組んでいる。

コロナ禍というあらたな危機に直面したアーティストたちは、よりひらかれた「対話」に向き合い、そこからさらなる視点を探っているように見える。

私たちもまた、つくり手に

この本にはファッションのつくり手も、アートのつくり手も区別することなく、取材を重ねて執筆した。アーティストもファッションデザイナーも「つくる」行為をする人として、その姿勢を見つめ、伝えようと取材をした。私が思う、今のものづくりの最先端のあり方がここにあると考える。それはジャンルの問題ではなく、つくることとの姿勢において。

引っ越してすぐに、コレクションウィークのために出張してきたファッション関係者にロンドンで会った。九〇年代からロンドンに住んでいる方も加わって、いろいろ話を聞くうちに、靴をつくる会社の生産拠点はすでに英国から撤退しており、靴づくりの現場は英国からなくなってしまっている、という話を聞いた。

私の祖父は戦前の一時期、高島屋の紳士服売り場のバイヤーをしていたことがある。英国トラッドといえばファッションのたしかなひとつの核であり、それを壊すものとして登場したパンクファッションはコムデギャルソンから裏原宿のストリートファッションまで、日本人のファッション感覚に強い影響を与えた。それほど伝統あるメンズファッションを支えたはずの、イギリスの革靴文化の今を辿ると、一九六〇年代からいち早く生産をグローバル化したために、イギリス発祥の、イギリスのブランドの靴はもう、本国ではほとんどつくられていないという事実を知って衝撃を受けたのである。

ファッション史のなかで、一九六〇年代に労働運動のリーダーが履いたドクター・マーチンはその後、パンク・ロックのスターから、カート・コバーン、パティ・スミスなど時代のアイコンの履き物になった。移住して早速買ったクラークスのデザートブーツはヨーロッパの冬をしのぐ防寒と安定感のある履き心地のよさで格好の越冬アイテムだったけれど、その生産は今はどこでなされているのだろう?

竹村さんはベルリンをひきあげて高崎にアトリエを移してから、蚕を飼い始めた。制作のために大学時代から買い始めた絹糸は、最初は実家近くの都立大学の手芸店で求め、その店がつぶれて京都の店に注文し、その京都の店も小売をやめるとなって、産地が群馬県にあることをつきとめた。帰国後住むことになった土地が、偶然にも、竹村さんが制作に使い続けている絹糸の産地だったのだ。そして二〇二〇年秋、竹村さんが高崎から横浜まで、横浜トリエンナーレのために通ったその道は、富岡製糸場でつくった絹糸を横浜港から出荷するために、一九世紀後半にほかに先駆けてしかれた鉄道、高崎線の道のりでもあった。長く続いたヨーロッパでの生活では、キリスト教について違和感を覚えたり、話してもわかってもらえないと思った感覚はたくさんあった。帰国して仏教に目覚めてからは、日本語に取り入れられた言葉に仏教用語が多いことにも気がついた。蚕の幼虫が立ち上がって八の字に揺れながら糸を吐く姿を見て、人の暮らしのために捧げられる命であることも知った。懸命に糸を吐く蚕の姿を眺めていると、天の虫と書いて蚕と読むのもわかった気がするし、「宗教というものは、目で見たことを大事だなと思ってお参りする、というような、簡単なことだったのかもしれないな」と思ったという。

つくることから知る世界があって、そこから今の社会の姿が立ち現れる。社会の行方がわからなくなった時代に、たちもどるべきはつくる行為なのではないだろうか？

「空腹は空腹であるが、料理された肉をフォークやナイフでたべてみたされる空腹は、手や爪や牙をつかって生肉をむさぼりくらうような空腹とは、別のものである。だから消費の対象ばかりではなく、消費の仕方もまた、生産によって、（略）生産される。生産は、こうして消費者を

創造する」（マルクス『経済学批判』岩波文庫より）
「芸術的対象は、――ほかのどんな生産物でも同じだが――芸術的センスと審美的能力をもった公衆をつくりだす」（同右）
「生産がなければ消費はなく、消費がなければ生産はない」（同右）

服も、糸も、暮らしも、物も、アートも、それで私たちの生活ができているという構成要素だ。
この本でとりあげた作家たちのつくる世界に触れることで、私たちもまた、つくり手になっているのだ。つくりながら生きる生活に、目を向け続けていたい。

二〇二一年五月　ロンドンにて

Photo Credit

7 Yurie Nagashima

25,27,28 Kei Okano / ©Ryoko Aoki Courtesy of Take Ninagawa

44, 58-59 Kenji Takahashi / Taka Ishii Gallery

45 Kei Okano / Taka Ishii Gallery

73,86 Taiki Iai

79 Nakako Hayashi

114-115 hikaru yamashita

128 Harumi Obama

203,205,209,221 L PACK.

229 Tadasu Yamamoto / gallery α M

235 Ai Nakagawa

238-239 Ullens Center for Contemporary Art

246 Yuki Moriya / Kyoto Experiment 2017

257 Ken Kato

277 Mitsuhisa Miyashita

299 Shinya Kigure

林央子（はやし・なかこ）
編集者。1966年生まれ。同時代を生きるアーティストとの対話から紡ぎ出す個人雑誌『here and there』を企画・編集・執筆。資生堂『花椿』編集部に所属（1988～2001）後、フリーランスに。自身の琴線にふれたアーティストの活動を、各媒体への執筆により継続的にレポートしてきた。2011年に刊行した『拡張するファッション』は、ファッションを軸に国内外のアーティストたちの仕事を紹介し、多くの反響を呼ぶ。同書が紹介した作家たちをふくむグループ展「拡張するファッション」は2014年に水戸芸術館現代美術センター、丸亀市猪熊弦一郎現代美術館を巡回。公式図録『拡張するファッション ドキュメント』をDU BOOKSより刊行。2020年には「写真とファッション　90年代以降の関係性を探る」（東京都写真美術館）を監修。2020年秋からロンドンのセントラル・セント・マーティンズ大学院で展覧会研究を学ぶ。

つくる理由

暮らしからはじまる、ファッションとアート

初版発行　2021年7月16日

著者　林央子
デザイン　小池アイ子
企画　岡澤浩太郎
編集　稲葉将樹（DU BOOKS）
編集協力　志村信裕、金沢みなみ
発行者　広畑雅彦
発行元　DU BOOKS
発売元　株式会社ディスクユニオン
東京都千代田区九段南3-9-14
[編集] TEL.03.3511.9970　FAX.03.3511.9938
[営業] TEL.03.3511.2722　FAX.03.3511.9941
http://diskunion.net/dubooks/
印刷・製本　大日本印刷

ISBN978-4-86647-083-2
Printed in Japan

本書の感想をメールにてお聞かせください。
dubooks@diskunion.co.jp

DU BOOKS

拡張するファッション ドキュメント

ファッションは、毎日のアート

林央子 著

90年代カルチャーを源流として、現代的なものづくりや表現を探る国内外のアーティストを紹介し、多くの反響を呼んだ書籍をもとに企画された「拡張するファッション」展の公式図録。
従来とは異なる、洋服を着たマネキンのいないファッション展を、写真家・ホンマタカシが撮りおろした。ミランダ・ジュライ、スーザン・チャンチオロなど参加作家と林央子との対話Q&Aも収録。

本体2500円＋税　A4　192ページ（カラー128ページ）

VIVIENNE WESTWOOD

ヴィヴィアン・ウエストウッド自伝

ヴィヴィアン・ウエストウッド 著　桜井真砂美 訳

ファッション・デザイナーであり、活動家であり、パンク誕生の立役者であり、世界的ブランドの創始者であり、孫のいるおばあちゃんでもあるヴィヴィアン・ウエストウッドは、正真正銘の生きた伝説といえる。全世界に影響を与え続けてきたヴィヴィアンの初めての自伝。その人生は、彼女の独創的な主張や斬新な視点、誠実で熱い人柄にあふれていて、まさしくヴィヴィアンにしか書けない物語。

本体4000円＋税　B5変型　624ページ

GIRL IN A BAND

キム・ゴードン自伝

キム・ゴードン 著　野中モモ 訳

約30年の結婚生活を経ての突然の離婚、そしてバンドの解散——。真実がいま、語られる。60年代後半、ヒッピームーヴメント直後のLAという都市に降り注ぐ光とその裏にある陰、90年代浄化政策前のNYには存在したさまざまな職業の多様な人々。そこにあった自由且つ危険な空気。アート～バンドシーンの最前線を実際に歩んだ者にしか書けない、刺激的なリアルな記録。

本体2500円＋税　A5変型　288ページ

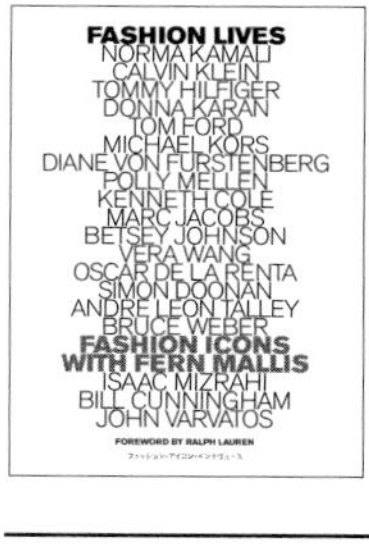

ファッション・アイコン・インタヴューズ

ファーン・マリスが聞く、ファッション・ビジネスの成功 光と影

ファーン・マリス 著　桜井真砂美 訳

読売新聞、繊研新聞、「装苑」、「men's FUDGE」にて紹介されました！
ファッション・ビジネスに身を置くすべての人、必読！
NYファッション・ウィークの立役者、ファーン・マリスが、ファッション・ビジネス界の重鎮19人にインタヴュー！——彼らは単なる「ブランド名」ではない。栄光もどん底も経験している、生身の人間なのだ。

本体3800円＋税　B5変型　480ページ（オールカラー）